# 在家做海鲜

生活新实用编辑部　编著

U0247627

江苏凤凰科学技术出版社

· 南京 ·

**图书在版编目（CIP）数据**

在家做海鲜 / 生活新实用编辑部编著 . — 南京：
江苏凤凰科学技术出版社，2021.5
（寻味记）
ISBN 978-7-5713-1154-4

Ⅰ . ①在… Ⅱ . ①生… Ⅲ . ①海鲜菜肴 – 菜谱 Ⅳ .
① TS972.126

中国版本图书馆 CIP 数据核字（2020）第 079723 号

寻味记
**在家做海鲜**

| | | |
|---|---|---|
| 编　　　著 | 生活新实用编辑部 | |
| 责 任 编 辑 | 祝　萍　洪　勇 | |
| 责 任 校 对 | 仲　敏 | |
| 责 任 监 制 | 刘文洋 | |

| | | |
|---|---|---|
| 出 版 发 行 | 江苏凤凰科学技术出版社 | |
| 出版社地址 | 南京市湖南路 1 号 A 楼，邮编：210009 | |
| 出版社网址 | http://www.pspress.cn | |
| 印　　　刷 | 天津丰富彩艺印刷有限公司 | |

| | | |
|---|---|---|
| 开　　　本 | 718 mm × 1 000 mm　　1/16 | |
| 印　　　张 | 14.5 | |
| 字　　　数 | 200 000 | |
| 版　　　次 | 2021 年 5 月第 1 版 | |
| 印　　　次 | 2021 年 5 月第 1 次印刷 | |

| | | |
|---|---|---|
| 标 准 书 号 | ISBN 978-7-5713-1154-4 | |
| 定　　　价 | 45.00 元 | |

图书如有印装质量问题，可随时向我社印务部调换。

导读

# 快速做海鲜
## 天天换着吃

海鲜的鲜甜滋味常令人欲罢不能。

许多人虽然喜欢吃海鲜，

却觉得做海鲜料理相当麻烦，

也不懂为何在家总做不出餐厅的好滋味。

其实做海鲜料理并不难，

因为海鲜本身是适合短时间烹调、简单调味的食材，

只要掌握料理海鲜时的几个重点，

运用不同的烹调方式稍做变化，

炒、炸、煎、煮、拌、淋、蒸、烤皆可，

再搭配上丰富多变的时令蔬菜或其他食材，

就能轻松在家做出营养又鲜美的海鲜料理。

本书介绍了数百道经典、家常和有创意的海鲜料理，

同时还收录了少量与海鲜做法相通或相似的美味河鲜，

让你取材有更多选择性，天天都可以享用不同的新菜色。

想吃得丰盛又满足？

翻开本书就能轻松实现。

# 目录 CONTENTS

# 鱼类 料理 篇

# 头足类 料理篇

# 虾蟹类 料理篇

# 贝类 料理篇

备注:
1大匙（固体）≈15克
1小匙（固体）≈5克
1杯（固体）≈227克
1大匙（液体）≈15毫升
1小匙（液体）≈5毫升
1杯（液体）≈240毫升
烹调用油，书中未具体说明者，均为色拉油。用量请根据实际情况及个人喜好确定，后文不再赘述。

# 海鲜必备去腥材料

## 蒜仁

蒜仁既是一种蔬菜也是一种香料，生食、熟食皆宜。在中式的料理中大多用来作为爆香的辛香料，能让食材的味道呈现出来，并能增添蒜仁本身的香气，更能通过蒜仁独特的辛辣口感中和海鲜的腥味。不论是放入氽烫海鲜的水中去腥，还是直接切成蒜末做蘸酱、蒸酱、淋酱都很合适。但蒜仁的味道较重，在分量的使用上需要好好拿捏。

## 葱

葱的别名为"和事草"，它含有多种矿物质和膳食纤维，能提升人体免疫力、帮助消化，与海鲜的味道十分契合。因此不论是被拿来作为爆香的材料，还是生吃搭配，都能增加菜肴独特的香味。其用途相当广泛，可切葱段腌鱼或是同鱼一起烧煮，切葱丝或葱花则可用于炒或是作为料理的装饰。

## 姜

姜的作用很多，除了可以促进血液循环、预防感冒之外，通常在料理中也常被拿来作为爆香的材料。姜和肉、海鲜等生冷食物一起烹调，有杀菌解毒、去除腥味的效果。也常被用于腌鱼或蒸鱼，但使用上不宜过多，否则会有太重的辛辣感。

## 罗勒

罗勒含有丰富的维生素A、维生素C及钙质，并且有特殊的香味，是海鲜最佳的提香材料。同时也能美化菜肴，适合在起锅前加入，能让香味彻底散发出来。若加热过久，香味会变淡、色泽变黑，同时会有苦味产生。

## 醋

醋通常作为调味、腌料或者蘸酱之用。醋有白醋和乌醋。而在中式料理中大都使用乌醋，以适量的醋加入制作，可以提升菜肴的味道。但不可过量使用，否则容易使菜肴变得过酸，以致失去原有的鲜甜味道。

## 米酒

米酒是许多中式料理不可或缺的一种材料。米酒在烹调料理时，具有画龙点睛的效果，尤其是用在海鲜或肉类料理中，一两滴的米酒就能让食物的鲜味散发出来，也能有效去除腥味。不论是用来煮海鲜汤还是腌海鲜都很适合。

## 柠檬

柠檬本身清新的香气和淡淡的香味可以为海鲜去腥提鲜。将柠檬汁挤出后加入料理材料中，有解腻的功效。也可削一些柠檬皮加入食材中，能让香味更加浓郁。

## 胡椒

胡椒有黑胡椒和白胡椒之分，中式的海鲜料理中，相当喜欢使用白胡椒作为去腥的材料。因为白胡椒特有的香气不仅可以盖过腥味，还可以稍加提味；而黑胡椒则常被用于西式料理中，不论是作为腌料还是撒在浓汤上提味都很适合。

# 海鲜怎么料理最好吃

**烫**

用烫的方式料理海鲜最快且最能保留其原味，但常常会不小心就烫过头，让鲜味尽失。其实重点在于要先将水煮滚，再放入海鲜烫熟，不要让海鲜在冷水中煮到水滚，这样等水滚了，鲜味也都流失了。

**炸**

炸海鲜的时候记得油要够热，表皮一定要先沾上薄薄的一层面粉或面糊，这样在炸的过程中可以让海鲜形体保持完整且不脱皮。不宜将海鲜切太大块，以免在炸制时外面烧焦，里面还是生的。

**蒸**

蒸比起煮来说，因为风味不会流失在水中，所以更能保留海鲜的鲜甜味。但是其缺点就在于难以看到锅中的状态，常常会因蒸过头而让海鲜口感变老。其实只要注意先将锅中的水煮滚，再放入海鲜，就不容易蒸过头了。

**煮**

不管是煮汤或是烧煮的方式，海鲜都不宜切太小块，因为煮通常需要用大火且时间较长。所以如果切得太小，海鲜很容易就在大火滚沸的水中散开了。如果担心切大块不容易快速煮熟，可以在其表面划上几刀，让其内部容易受热，从而加快煮熟的速度。

**炒**

因为海鲜不适合久煮，否则肉质会变得又老又干，所以大火快炒时不仅油量要足，还得将爆香料先下锅，再放入主要食材。此时锅要热，以大火翻炒数下至食材变色，再加入调味料就可以起锅。因此用于炒制的海鲜不能切得太大块，以免外熟内生。

## 煎鱼技巧完美大公开

煎鱼是许多人难以掌握的烹调方式，因为鱼皮很容易就粘锅。要避免粘锅可以先切开姜块，利用剖开的那面在锅面均匀涂抹上姜汁，或是在锅中撒上少许盐，再利用热锅冷油的方式煎鱼。刚入锅的时候不要急着用锅铲翻动，可以先轻晃锅子，如果鱼顺利滑动，就小心翻面继续煎熟，这样煎出来的鱼就不容易粘锅了。

## 烤海鲜必胜技巧

烤海鲜可以利用铝箔纸包裹起来，再放进烤箱，这样就可以减少海鲜或鱼皮粘在烤盘上的状况发生。但是记得要在铝箔纸上剪几个小洞以便透气，这样才不会因为水汽闷在里面而使肉质过于软烂。

# 海鲜料理常见问题大解惑

买回家的海鲜若不打算立刻料理，要怎么保存处理呢？烹调海鲜还有什么其他需要注意的小细节吗？别担心，大厨在这里一次性为您通通解惑，料理海鲜一点也不麻烦。

Q：买回家的海鲜，一时用不完怎么办，要如何保存呢？

A：如果买回家的海鲜无法一次烹调完，建议先不急着清洗，直接将海鲜冷藏。如虾、螃蟹这类的海鲜，可依每次所需要的分量多寡，以小包装的方式包起来冷藏或冷冻（但是贝类切勿放入冰箱里冷冻）。这样既可以避免水分流失，也能保持新鲜度。

Q：汆烫海鲜的时候有什么需要特别注意的小细节吗？

A：海鲜放入滚水中汆烫时，只要海鲜表面一变色就要马上捞起，以避免海鲜的营养成分流失过多，也可以避免海鲜煮得过老。捞起的海鲜可以用拌炒或是其他的方式来烹调。

Q：清蒸鱼最能吃到鱼的原味，但怎么蒸才能保持鱼身完整又没腥味呢？

A：蒸鱼的时候可以在蒸盘上先放上姜片，不但可以去除鱼腥味，也可以将鱼皮与蒸盘隔离。这样就可以避免鱼皮粘在盘上，保持鱼外观的完整性。

而鱼身上面放的葱段同样有去腥的效果。蒸完之后记得要拣去姜片与葱段，因为已经过于软烂无味。放入蒸笼之前记得要让锅中的水先煮开，这样蒸好的鱼才能保持肉质鲜嫩。

Q：怎样才能煮出美味的鱼汤？

A：用来煮汤的鱼，不管是切片还是切块，都不要切得太小，这样可以保持鱼肉鲜嫩。另外在鱼肉下锅煮之前，可以先用热水冲在鱼肉上，这种冲热水的汆烫方式，不仅可以去除鱼腥味，还可以让鱼肉表面凝结以保持鱼肉鲜味不流失，更不用担心烫太久让肉质老化。

Q：炸鱼时怎么确定鱼熟了没？

A：一开始将鱼放入已热好的油锅中，热油会因为炸出了鱼中多余的水分，而使油锅中的气泡与水汽都比较多。当油炸了几分钟后，气泡与水汽变少了，就表示鱼已经炸好，可以捞出了。如果是全鱼，以中火油炸约10分钟即可，如果是鱼块，则只需要炸约3分钟就可以了。

Q：煎鱼要怎么煎才不会使鱼肉破碎而影响外观？

A：煎鱼最怕煎得破损难看，虽不影响味道但会影响美观，所以要避免时常翻动。翻面时要待鱼的周围呈现略干，以锅铲从鱼背慢慢铲起，接着将鱼腹慢慢铲松，再翻面煎至两面皆呈金黄色即可。

Q：怎样快速剥虾仁？

A：鲜虾壳很难快速剥下，这是因为新鲜的虾肉与壳还紧密粘在一起。放得越久的虾，越好剥下。若要趁鲜剥壳，最好的方式是先将虾浸泡在冰水中，让虾肉紧缩，这样就容易去除虾壳了。

Q：淡水鱼与海水鱼的口感差异在哪？

A：常见的淡水鱼有吴郭鱼、鲈鱼、虱目鱼、鲤鱼、大头鲢等，口感较绵密。烹调时大部分会搭配酱汁和较重的辛香料一起烩煮或油炸，这样才能去除淡水鱼的土味和较重的鱼腥味。海水鱼俗称"咸水鱼"，常见鱼种有红甘鱼、金枪鱼、石斑鱼、迦纳鱼、红目鲢、翻车鱼、鳕鱼等。这类鱼烹煮方式较广泛，口感较扎实，通常都会清蒸、生食，或使用较淡的酱汁烩煮。

Q：新鲜鱿鱼与泡发鱿鱼差别在哪里？

A：鱿鱼有新鲜鱿鱼和泡发鱿鱼之分。新鲜鱿鱼的料理法一般都是用烤的，而泡发过的鱿鱼口感较脆，适合油炸、快炒、氽烫蘸酱，或做成羹汤。挑选泡发过的鱿鱼时要特别注意，如果鱿鱼肉比较厚就表示发的时间久、含水量高，吃起来口感不脆。

Q：吃不完的熟墨鱼要如何恢复原来的味道呢？

A：与墨鱼同类的生猛海鲜，以刚煮出来、热气腾腾时食用为最佳。但若一时吃不完，有个小秘诀可以让墨鱼尽量恢复原有的美味，那就是用保鲜膜将装墨鱼的容器封起来冷藏。等到下一次要品尝前，先将墨鱼以外的食材放入锅中加热，起锅前再放入墨鱼略热即可。如此一来就可以避免墨鱼的肉质过老或过硬，并保持新鲜味道，其余如鱿鱼等料理的热食方式亦同。

Q：炒蛤蜊常常会遇到有些蛤蜊炒不开的情况，该怎么做？

A：因为大火快炒的时间比较短，若是受热不均匀，就很容易使有的壳打开、有的没有打开，如果炒到全部的壳都打开，又会使有些蛤蜊炒得过老。这时不妨在热炒之前稍微将蛤蜊氽烫过水，壳打开后立刻捞起再下锅炒，这样不需要炒太久就能简单入味，又不会有壳闭合不开的困扰了。腌咸蚬也适用于这个方法。

Q：使用平底锅煎牡蛎煎时会粘锅底，该怎么办呢？

A：煎牡蛎煎会粘锅底，有可能是配方比例错误，或是煎的油过少。若是油量足够仍然会粘锅底，也有可能是一开始下锅时锅子的温度不够。建议一开始先以大火煎1~2分钟，再改以中火煎，待粉浆半熟后再翻面就不易粘锅，这样就能将牡蛎煎的形状煎得完整了。

# 鱼类料理 篇

　　吃鱼好处多多。因为鱼类不仅含有丰富的蛋白质、DHA等营养，而且比猪肉、牛肉、羊肉等红肉的热量少，不用担心会给身体造成负担。

　　虽然吃鱼的好处多，但是也有人因为讨厌鱼腥味或是觉得挑鱼刺很麻烦而不喜欢吃鱼。其实只要用对料理方法，就能够去除鱼腥，也可以快速入味。如果担心鱼刺太多，也可以选择鱼片或是市面上经过处理的鱼块，方便且安全。现在就试着运用不同的烹调方法，动手做出一道道美味的鱼类料理吧！

# 鱼类的挑选、处理诀窍大公开

## ◎ 鱼眼

买鱼时我们可以先注意到它的眼睛。鱼眼睛如果清亮而黑白分明，就表示这条鱼很新鲜。如果鱼眼睛呈浑浊雾状，就表示这条鱼已经放了一段时间不新鲜了。

眼睛透明、清亮　　　　　眼睛白、深陷

## ◎ 鱼鳞

检查完鱼眼睛后，就要看鱼身上的鳞片是否有鲜度、有光泽。有的卖家会为了让鱼看起来新鲜，而打上灯光，我们千万不能让灯光给蒙骗了。要用手去摸摸鱼的鳞片是否完整，同时也可以拿起来细看，鳞片是否有自然的光泽，而不是暗淡无色的。

完整、光滑　　　　　脱落

## ◎ 鱼鳃

检查完鱼眼和鱼鳞后，可别忘了还有个部分很重要，那就是鳃。鳃是鱼在水里时空气供给的部位，因为鳃有许多血管，所以它一定要保持相当的活动力。因此，在检查鲜度时，这里是不能遗漏的部分，翻开鱼鳃部位，除了检查它是否鲜红之外，更要用手轻摸一下，确定其没有被上色。

鲜红　　　　　暗红

## ◎ 鱼腹

鲜鱼应该是富有弹性的，如果轻轻按压鱼腹，肉质却塌陷下去，就表示这条鱼已经缺乏弹性、水分流失了。注意，有些卖家会刻意将不新鲜的鱼冰冻起来，使鱼腹摸起来会因结冻而硬邦邦，不易分辨出新鲜度，这时就要特别注意了。

有弹性　　　　　凹陷

## ◎ 颜色

如果是已经切片，而不是整条的鲜鱼，就无法运用以上方法检验新鲜度。但别担心，看鱼肉的颜色也是可以鉴别的。新鲜的鱼肉颜色较鲜亮，放久的鱼肉则颜色会变淡。

颜色呈现橘红　　　　　颜色较淡

## ◎ 弹性

道理和按压鱼腹相同，新鲜的鱼肉应该是富有弹性的，如果轻轻按压切片鱼，鱼肉塌陷下去，就表明已经不新鲜了，买时要特别注意。

肉质有弹性　　　　　质呈凹陷状

# 鱼处理步骤

1 以刮鳞刀去除鱼身残留的鱼鳞。

2 用剪刀将鱼鳃剪除。

3 藏在鱼肚中未清理干净的内脏要彻底清除。

4 修剪鱼鳍，不仅美观，也能避免被刺伤。

5 将鱼身内外彻底清洗干净，沥干水分。

6 在鱼身两侧划上数刀。

## 尝鲜保存小妙招

鱼的新鲜度远比保存方法来得重要，因此在选购时只要选购正确，保存起来就不会有太大问题了。将鱼放入冰箱冷藏或冷冻时，记得先将鱼表面的水分拭干。如果是整条鱼，可以先将肚内的内脏还有鱼鳃先取出，就可以延长保存期限。而鱼片通常已经是处理过的，直接冷藏即可。

# 宫保鱼丁

材料o | 调味料o
---|---
旗鱼肉 …… 200克 | A.酱油 …… 2小匙
干辣椒 …… 10克 | 　蛋清 …… 1小匙
葱段 …… 20克 | 　淀粉 …… 1大匙
蒜末 …… 5克 | B.白醋 …… 1小匙
蒜香花生 …… 30克 | 　酱油 …… 1大匙
水 …… 1大匙 | 　白砂糖 …… 1小匙
 | 　米酒 …… 1小匙
 | 　淀粉 …… 1/2小匙
 | C.香油 …… 1小匙

做法o

1. 将旗鱼肉洗净，切成约1.5厘米见方的丁，放入大碗中和调味料A混合拌匀备用。
2. 热油锅至约150℃，将旗鱼丁放入油锅内炸约2分钟，至表面酥脆后起锅沥干油。
3. 将调味料B加水调匀成兑汁备用。
4. 热锅，加入适量色拉油，以小火爆香葱段、蒜末及干辣椒，再放入旗鱼丁，转大火快炒后边炒边将兑汁淋入，待拌炒均匀后撒上蒜香花生，淋上香油即可。

# 三杯鱼块

材料o | 调味料o
---|---
草鱼肉 …… 300克 | 胡麻油 …… 2大匙
姜 …… 50克 | 米酒 …… 4大匙
红辣椒 …… 2个 | 酱油膏 …… 2大匙
罗勒 …… 20克 |
蒜仁 …… 30克 |
水 …… 2大匙 |

做法o

1. 将草鱼肉洗净，切厚片；姜洗净切片；红辣椒洗净对半剖开；罗勒挑去粗茎，洗净备用。
2. 热油锅，先以小火将蒜仁炸至金黄后捞起；再热锅至约180℃，将草鱼片放入锅中，以大火炸至酥脆后捞起沥干油。
3. 另热锅，放入胡麻油，以小火爆香姜片及辣椒，接着放入草鱼片、蒜仁，加水及所有调味料，转大火煮滚后持续翻炒至汤汁收干，再加入罗勒略为拌匀即可。

# 糖醋鲜鱼

**材料o**

鲈鱼1条（约300克）、葱适量、姜适量、洋葱丁50克、青椒丁40克、红甜椒丁30克、水3大匙

**调味料o**

米酒适量、盐适量、淀粉适量、番茄酱2大匙、白醋5大匙、白砂糖7大匙、水淀粉1大匙、香油1小匙

**做法o**

1. 将葱洗净切段、姜洗净切片，放入大碗中，加入盐及米酒，用手以抓、压的方式腌渍，待葱和姜出汁后，取出葱、姜，留下腌汁备用。
2. 把鲈鱼处理干净，放入做法1的大碗中，使鱼全身浸泡过腌汁，再均匀沾上薄薄一层淀粉。
3. 取锅加热，倒入的色拉油量可盖过鱼身，加热至180℃，将鱼放入锅中，以小火油炸，待表面定型后即可翻动，转中小火，续炸10分钟，将鱼盛盘备用。
4. 另取锅加热，加入少许油，放入洋葱丁略炒香，加入青椒丁及红甜椒丁拌炒，再倒入番茄酱、白醋、水及白砂糖，煮滚后，以水淀粉勾芡，关火淋上香油。
5. 将糖醋酱淋在鱼上即可。

# 五彩糖醋鱼

**材料o**

| | |
|---|---|
| 炸鱼 | 1条 |
| （约300克） | |
| 姜 | 10克 |
| 青椒 | 10克 |
| 洋葱 | 10克 |
| 红甜椒 | 10克 |
| 玉米粒 | 10克 |
| 菠萝片 | 10克 |

**调味料o**

| | |
|---|---|
| 番茄酱 | 2大匙 |
| 白砂糖 | 4大匙 |
| 白醋 | 4大匙 |
| 盐 | 1/2小匙 |
| 米酒 | 1大匙 |

**做法o**

1. 姜、青椒、洋葱、红甜椒分别洗净切丁；菠萝片切小块。
2. 热油锅，爆香姜后，加入青椒丁、洋葱丁、红甜椒丁、玉米粒及菠萝块与所有调味料以小火煮匀，即为五彩糖醋酱。
3. 将炸鱼放入大盘中，淋上五彩糖醋酱即可。

鱼类料理篇

# 清炒鱼片

**材料o**

| | |
|---|---|
| 鲷鱼肉 | 300克 |
| 西芹 | 150克 |
| 茭白 | 60克 |
| 胡萝卜片 | 25克 |
| 红辣椒片 | 10克 |
| 蒜末 | 10克 |
| 嫩姜片 | 少许 |
| 水 | 50毫升 |

**腌料o**

| | |
|---|---|
| 盐 | 少许 |
| 米酒 | 1小匙 |
| 淀粉 | 少许 |

**调味料o**

| | |
|---|---|
| 盐 | 1/4小匙 |
| 鸡精 | 1/4小匙 |
| 米酒 | 1大匙 |

**做法o**

1. 鲷鱼肉洗净切厚片，放入腌料中腌约10分钟，再放入油温为120 ℃的油锅中过一下油，备用。
2. 西芹去除叶片及表面粗纤维，洗净切菱形片；茭白去壳洗净切圆片，备用。
3. 热锅，倒入2大匙油，放入红辣椒片、蒜末、嫩姜片爆香，再放入西芹片、茭白片及胡萝卜片、水炒匀，加入鱼片及所有调味料炒匀即可。

# 椒麻炒鱼柳

**材料o**

| | |
|---|---|
| 鲷鱼片 | 2片 |
| （约250克） | |
| 蒜末 | 少许 |
| 红辣椒片 | 适量 |
| 葱花 | 少许 |
| 地瓜粉 | 2大匙 |

**调味料o**

| | |
|---|---|
| 花椒粉 | 1小匙 |
| 辣椒油 | 1大匙 |
| 盐 | 适量 |
| 白胡椒粉 | 适量 |
| 米酒 | 1大匙 |
| 香油 | 1小匙 |

**做法o**

1. 鲷鱼片略冲水沥干，切长条，再裹上地瓜粉备用。
2. 将鱼片放入油温约150 ℃的油锅中，炸至外观呈金黄色后，再以220 ℃的油温炸约5秒即捞起沥油。
3. 取锅，加入少许油烧热，加入蒜末、红辣椒片、葱花和所有的调味料一起爆香，再加入鱼条以中火轻轻翻炒均匀即可。

# 蒜苗炒鲷鱼

### 材料o

蒜苗…………150克
鲷鱼肉………300克
红辣椒片………10克
姜丝……………10克
蒜末……………5克

### 调味料o

盐……………1/2小匙
白砂糖………1/2小匙
鸡精…………1/2小匙
乌醋…………1/2大匙
酱油……………少许
米酒…………1大匙

### 做法o

1. 鲷鱼肉洗净，切小片备用。
2. 蒜苗洗净切段，将蒜白与蒜尾分开备用。
3. 热锅，倒入2大匙油，放入蒜末、姜丝爆香。
4. 放入红辣椒片、蒜白炒香，再加入鲷鱼片炒约1分钟。
5. 加入所有调味料、蒜尾炒匀即可。

## Tips.料理小秘诀

用来大火快炒的鱼肉，最好挑选肉质稍微结实的鱼种，肉质太嫩的鱼一炒就会散开，不但卖相不好，口感也差。

# 油爆石斑片

### 材料o

A.石斑鱼片…200克
淀粉…………50克
鸡蛋（取蛋清）1个
（约50克）
B.芦笋…………50克
香菇…………50克
胡萝卜片……50克

### 调味料o

白砂糖………1/2小匙
盐…………1/2小匙

### 做法o

1. 将淀粉与蛋清均匀混合，放入洗净的石斑鱼片沾裹均匀备用。
2. 芦笋洗净切段，香菇洗净，切片备用。
3. 取锅热1大匙油，将石斑鱼片稍微过一下油后，捞起沥油备用。
4. 另取锅热1小匙油，加入石斑鱼片以及芦笋段、香菇片、胡萝卜片与所有调味料，快速拌炒约1分钟至均匀入味即可。

鱼类料理篇

# 黑胡椒洋葱鱼条

### 材料o

洋葱丝 ………150克
鲷鱼肉 ……… 200克
蒜片 …………… 适量
红辣椒片 …… 少许
葱段 …………… 少许

### 调味料o

黑胡椒酱 …… 3大匙
米酒 ………… 2大匙

### 做法o

1. 将鲷鱼肉洗净切条，用餐巾纸吸干水分备用。
2. 起锅，加入适量油烧热，放入蒜片、红辣椒片、葱段爆香，再加入洋葱丝炒香。
3. 续加入鲷鱼条、所有调味料，以中火翻炒至熟即可。

### Tips.料理小秘诀

　　鱼肉在料理前，可以先用滚水氽烫一下，这样可以让鱼肉在料理时不易粘锅与松散。

# 酸菜炒三文鱼

### 材料o

客家酸菜 ……150克
三文鱼片 …… 250克
葱 ………………1根
姜 ………………15克
蒜仁 ……………… 3粒
红辣椒 …………15克

### 调味料o

白醋 ………… 1小匙
香油 ………… 1小匙
盐 …………… 少许
白胡椒粉 …… 少许
白砂糖 ……… 1小匙
酱油 ………… 1小匙

### 做法o

1. 三文鱼洗净切小块；客家酸菜洗净切小块，再泡冷水去除咸味备用；葱洗净切段；姜、蒜仁、红辣椒都洗净，切片备用。
2. 取炒锅，加入1大匙色拉油，放入葱段、姜片、蒜片、红辣椒片炒香，再放入客家酸菜拌炒煸香。
3. 加入三文鱼块，稍微拌炒后再加入所有的调味料，以大火翻炒均匀至入味即可。

# 香蒜鲷鱼片

### 材料o

A.蒜仁 ············ 6粒
　鲷鱼片 ······100克
　葱 ·············1根
　红辣椒 ······1/2个
B.中筋面粉 ··7大匙
　淀粉 ········1大匙
　色拉油 ······1大匙
　吉士粉 ······1小匙

### 调味料o

盐 ············1/2小匙
七味粉 ········1大匙
白胡椒粉 ······少许

### 做法o

1. 鲷鱼片洗净切小片，均匀沾裹混合好的材料
   B；蒜仁洗净切片；葱洗净切末；红辣椒洗
   净切菱形片，备用。
2. 热锅倒入稍多的油，放入鲷鱼片炸熟，捞起
   沥干备用。
3. 将蒜片放入锅中，炸至香酥即成蒜酥，捞起
   沥干备用。
4. 锅中留少许油，放入葱末、红辣椒片爆香，
   再放入鲷鱼片、蒜酥及所有调味料拌炒均匀
   即可。

---

# 泰式酸甜鱼片

### 材料o

鲷鱼肉180克、
洋葱丝30克

### 调味料o

A.盐1/4小匙、蛋清1大
　匙、白胡椒粉1/4小匙、
　米酒1小匙
B.泰式甜鸡酱4大匙、柠檬
　汁1小匙、水150毫升、
　香油1小匙、淀粉1大匙

### 做法o

1. 将鲷鱼肉洗净切厚片，放入大碗中，加入调
   味料A拌匀，腌约2分钟备用。
2. 热锅，倒入约300毫升油，烧热至约180℃；
   将鲷鱼片均匀地沾裹上淀粉，放入锅内以中
   火炸约2分钟，至表面呈金黄色后，捞起沥
   干油。
3. 另热锅，加入少许油，以大火略炒香洋葱丝
   后，倒入泰式甜鸡酱、柠檬汁及水，煮滚后
   加入鲷鱼片快速翻炒均匀，最后再淋上香油
   即可。

鱼类料理篇

# 沙嗲咖喱鱼

**材料o**

A.鲷鱼肉……150克
  洋葱块……10克
  青椒块……10克
  红甜椒块…10克
B.中筋面粉··7大匙
  淀粉………1大匙
  色拉油……1大匙
  吉士粉……1小匙
  水………50毫升

**腌料o**

盐 ……少许
白胡椒粉……少许
米酒…………1小匙
淀粉…………10克

**调味料o**

盐 ……1/2小匙
白砂糖……1/2小匙
米酒…………1大匙
沙茶酱………1小匙
咖喱粉………1小匙

**做法o**

1. 鲷鱼肉洗净切小片，加入腌料腌约5分钟，再均匀沾裹上混合好的材料B。
2. 热锅倒入稍多的油，放入鲷鱼片炸熟，捞起沥干备用。
3. 锅中留少许油，放入洋葱块、青椒块、红甜椒块炒香，加入所有调味料及水炒匀后，加入鲷鱼片拌炒均匀即可。

# XO酱炒石斑

**材料o**

石斑鱼肉片·200克　　姜片…………20克
西芹片………50克

**调味料o**

A.淀粉……1/2小匙　　鸡精……1/6小匙
  盐………1/8小匙　　白砂糖…1/8小匙
  米酒……1/2小匙　　白胡椒粉1/8小匙
  蛋清……1小匙　　C.XO酱……1大匙
B.高汤……2大匙　　水淀粉……1小匙
  盐……1/6小匙　　香油……1小匙

**做法o**

1. 石斑鱼肉片洗净置于碗中，加入调味料A抓匀。
2. 调味料B混合成调味汁。
3. 大火热锅，倒入2大碗油，烧热至约120℃，放入鱼片炸至表面变白即捞起。
4. 另热锅倒入1大匙油，放姜片及XO酱，小火爆香，再放西芹片，转大火炒1分钟。
5. 将鱼片放入锅中，淋上做法2的调味汁，略翻炒后淋上水淀粉勾芡，再淋上香油即可。

# 辣味丁香鱼

### 材料o

丁香鱼干……120克
豆干…………100克
红辣椒片……30克
青椒片………25克
蒜末…………10克
豆豉…………20克

### 调味料o

酱油………1/2大匙
盐……………少许
白砂糖……1/2小匙
米酒…………1大匙
白胡椒粉……少许

### 做法o

1. 丁香鱼干洗净沥干；豆干洗净切丝备用。
2. 将豆干放入热油中炸至微干后，放入丁香鱼干略炸，再捞出沥油备用。
3. 另取锅，加入1大匙油烧热，放入蒜末、豆豉先爆香，再放入红辣椒片、青椒片、豆干丝、丁香鱼干拌炒，最后加入调味料炒至入味。
4. 将做法3的材料盛盘，待凉后以保鲜膜封紧，放入冰箱中冷藏至冰凉，食用前取出即可。

# 香菜炒丁香鱼

### 材料o

香菜…………35克
丁香鱼………150克
葱……………30克
蒜仁…………20克
红辣椒…………1个

### 调味料o

淀粉…………3大匙
白胡椒盐……1小匙

### 做法o

1. 把丁香鱼洗净沥干；葱、香菜洗净切小段；蒜仁及红辣椒洗净切细碎，备用。
2. 热锅加油，油温烧热至180℃，将丁香鱼裹上一层淀粉后，下油锅以大火炸约2分钟至表面酥脆，捞起沥油，备用。
3. 另起一炒锅，热锅后加入少许色拉油，以大火略爆香葱段、蒜碎、红辣椒碎及香菜段后，加入丁香鱼，再均匀撒入白胡椒盐，以大火快速翻炒均匀即可。

鱼类料理篇

# 鲜爆脆鳝片

材料○

| 鳝鱼·············100克 | 调味料○ |
| 葱···············2根 | A.盐·········1/6小匙 |
| 蒜仁············3粒 | 白砂糖·······1大匙 |
| 红辣椒···········1个 | 乌醋······1.5大匙 |
| 竹笋············60克 | 米酒·········1小匙 |
| 小黄瓜·········60克 | B.水淀粉·····1小匙 |
| 胡萝卜·········30克 | 香油·········1小匙 |
| 水···········50毫升 | |

做法○

1. 把鳝鱼处理后洗净切小片，备用。
2. 竹笋、小黄瓜、胡萝卜洗净切片；葱、红辣椒及蒜仁洗净切末，备用。
3. 热锅，加入2大匙色拉油，以小火爆香葱末、蒜末、红辣椒末，再加入鳝鱼片以大火炒匀。
4. 加入调味料A及水、竹笋片、小黄瓜片和胡萝卜片，炒约1分钟后，再用水淀粉勾芡，最后淋上香油即可。

# 韭黄鳝糊

材料○

| 韭黄············80克 | 调味料○ |
| 鳝鱼···········100克 | A.白砂糖·····1大匙 |
| 姜··············10克 | 酱油·········1小匙 |
| 红辣椒··········5克 | 蚝油·········1小匙 |
| 蒜仁············5克 | 白醋·········1小匙 |
| 香菜············2克 | 米酒·········1大匙 |
| | B.香油·······1小匙 |
| | 水淀粉·····1大匙 |

做法○

1. 鳝鱼处理后洗净，放入沸水中煮熟，捞出放凉后撕成小段，备用。
2. 韭黄洗净切段；姜洗净切丝；红辣椒洗净切丝；蒜仁洗净切末，备用。
3. 热锅倒入适量油，放入姜丝、红辣椒丝爆香，再放入韭黄段炒匀。
4. 加入鳝鱼段及调味料A拌炒均匀，再以水淀粉勾芡后盛盘。
5. 于做法4的鳝糊中，放上蒜末、香菜，另煮滚香油淋在蒜末上即可。

# 蒜酥鱼块

### 材料o
蒜酥…………30克
鲈鱼肉……300克
葱花…………20克
红辣椒末……5克
淀粉…………50克

### 调味料o
A.盐………1/4小匙
　蛋清………1大匙
B.盐…………1小匙

### 做法o
1. 鲈鱼肉洗净，先切小块后再切花刀，用厨房纸巾略为吸干水分，加入调味料A拌匀。
2. 将鲈鱼肉均匀地沾裹上淀粉。
3. 热锅加油，油温烧热至约160℃，放入鲈鱼肉以大火炸约1分钟，至表皮酥脆时捞出沥干油。
4. 锅底留少许油，以小火炒香葱花及红辣椒末后，加入蒜酥、鲈鱼块及盐炒匀即可。

# 椒盐鱼块

### 材料o
鱼肉…………300克
蒜末…………10克
葱花…………20克
红辣椒末………5克
淀粉…………50克

### 调味料o
A.盐………1/4小匙
　蛋清………1大匙
B.椒盐粉……1小匙

### 做法o
1. 先将鱼肉洗净切小块，再切花刀，用厨房纸巾略为吸干水分，放入大碗中，加入调味料A拌匀。
2. 将鱼块均匀地沾裹上淀粉。
3. 热锅加油，油温烧热至约160℃，放入鱼块，以大火炸约1分钟，至表皮酥脆时捞出沥干油。
4. 锅底留少许油，以小火炒香蒜末、葱花及红辣椒末后，加入鱼块、椒盐粉炒匀即可。

鱼类料理篇

# 锅贴鱼片

**材料o**

鲷鱼肉 ……… 250克
切片土司 ……… 4片
香菜叶 ……… 少许

**调味料o**

盐 ………… 1/4小匙
鸡精 ……… 1/4小匙
白胡椒粉… 1/4小匙
米酒 ……… 1/4小匙
淀粉 ………… 1小匙
蛋黄 ………… 1个

**做法o**

1. 将鲷鱼肉洗净，以斜刀切成8片（约为6×4厘米），再加入所有调味料混合拌匀，腌渍约5分钟。
2. 土司对切成8片，再将腌好的鲷鱼片平铺于土司上，撕一片香菜叶粘于鱼片上，轻压一下后静置1分钟，使鱼片与土司粘紧。
3. 热锅加油，待油温烧热至约120℃时转小火，放入做法2的鱼片土司，以小火炸至表面呈金黄色，再捞起沥油即可。

# 酥炸鱼条

**材料o**

A.鲷鱼肉 ……200克
B.低筋面粉 …1/2杯
　糯米粉 ……1/4杯
　淀粉 ………1/8杯
　吉士粉 ……1/8杯
　泡打粉 …1/2小匙
　水 ………150毫升

**调味料o**

A.盐 ……… 1/8小匙
　鸡精 …… 1/4小匙
　白胡椒粉 1/4小匙
B.椒盐粉 …… 1小匙

**做法o**

1. 鲷鱼肉洗净沥干，切成如小指大小的鱼条，加入调味料A拌匀备用。
2. 将材料B调成粉浆备用。
3. 热锅，放入适量油，待油温烧热至约160℃时，将鲷鱼条逐一沾裹做法2的粉浆后放入油锅中，以中火炸至表皮呈金黄色，捞起沥干油，食用时蘸椒盐粉即可。

# 泰式酥炸鱼柳

### 材料o
鲷鱼肉 ………100克
鸡蛋……………1个
淀粉…………2大匙

### 腌料o
鱼露………1/2大匙
椰糖…………1小匙
蒜末………1/4小匙
红辣椒末……少许
香菜末………少许

### 做法o
1. 鲷鱼肉洗净切条备用。
2. 将所有的腌料混合均匀，拌至椰糖溶化，即为泰式炸鱼腌酱，备用。
3. 将鲷鱼条加入泰式炸鱼腌酱，腌约10分钟。
4. 于做法3的材料中打入鸡蛋，加入淀粉拌匀备用。
5. 热锅，倒入稍多的油，待油温烧热至约180℃时，放入鲷鱼条，以中火炸至表面金黄且熟透即可。

鱼类料理篇

# 黄金鱼排

### 材料o

鳕斑鱼片⋯⋯ 250克
面粉⋯⋯⋯⋯⋯ 适量
蛋液⋯⋯⋯⋯⋯ 适量
面包粉⋯⋯⋯⋯ 适量
包心菜丝⋯⋯⋯ 适量
美乃滋⋯⋯⋯⋯ 适量
面粉⋯⋯⋯⋯⋯ 适量

### 腌料o

盐⋯⋯⋯⋯⋯ 1/4小匙
米酒⋯⋯⋯⋯ 1大匙
葱段⋯⋯⋯⋯⋯10克
姜片⋯⋯⋯⋯⋯10克

### 做法o

1. 鳕斑鱼片洗净切小片，加入所有腌料腌约 10分钟备用。
2. 取出鱼片，依序沾裹上面粉、蛋液、面包 粉，静置一下备用。
3. 热锅，倒入稍多的油，待油温烧热至160℃ 时，放入鱼片炸2~3分钟，捞出沥油。
4. 将鱼排与包心菜丝一起盛盘，淋上美乃滋 即可。

# 香酥香鱼

### 材料o

香鱼⋯⋯⋯⋯ 2条
（约250克）
地瓜粉⋯⋯⋯⋯ 适量

### 调味料o

胡椒盐⋯⋯⋯⋯ 适量

### 腌料o

盐⋯⋯⋯⋯⋯ 1/2小匙
米酒⋯⋯⋯⋯ 1大匙
葱段⋯⋯⋯⋯⋯10克
姜片⋯⋯⋯⋯⋯ 5克
地瓜粉⋯⋯⋯⋯ 适量

### 做法o

1. 香鱼处理后洗净，加入腌料腌约10分钟备用。
2. 将香鱼均匀沾裹上地瓜粉备用。
3. 热锅倒入稍多的油，放入香鱼炸至表面金黄 酥脆。
4. 将香鱼起锅，撒上胡椒盐即可。

## Tips.料理小秘诀

　　香鱼因为其肉质尝起来有股淡淡的香气 而得名，也因其肉质鲜美、细致而广受消费 者喜爱。选购时，以鱼身完整、鱼肉饱满有弹 性者为佳，肚破者表示已经不那么新鲜了。

# 香酥柳叶鱼

材料ㅇ

柳叶鱼 ········100克
地瓜粉 ········ 适量
红辣椒 ········ 适量
葱花 ········ 适量

调味料ㅇ

胡椒盐 ········ 适量

做法ㅇ

1. 柳叶鱼处理后洗净沥干，均匀沾裹上地瓜粉；红辣椒洗净切末，备用。
2. 热锅，倒入稍多的油，放入柳叶鱼炸至表面酥脆，捞起沥干盛盘。
3. 撒上红辣椒末和葱花，搭配胡椒盐食用即可。

# 酥炸柳叶鱼

材料ㅇ

柳叶鱼 ······ 300克
姜片 ········ 10克
葱段 ········ 10克
面粉 ········ 适量
蛋液 ········ 适量
面包粉 ········ 适量

腌料ㅇ

盐 ········ 1/2小匙
米酒 ········ 1大匙
白胡椒粉 ······ 少许

做法ㅇ

1. 柳叶鱼处理后洗净，以姜片、葱段及所有腌料腌约10分钟备用。
2. 将柳叶鱼取出，依序均匀沾裹上面粉、蛋液、面包粉备用。
3. 热锅，倒入稍多的油，待油温热至160 ℃，放入柳叶鱼炸至表面上色。
4. 续转大火，再将柳叶鱼炸至酥脆，捞出沥油即可。

鱼类料理篇

# 香煎鳕鱼

## 材料o

| | |
|---|---|
| 鳕鱼片 ·························· | 1片 |
| (约300克) | |
| 地瓜粉 ·························· | 1/2碗 |
| 葱花·························· | 30克 |
| 蒜末·························· | 15克 |
| 红辣椒末 ·························· | 5克 |
| 水 ·························· | 2小匙 |

## 调味料o

| | |
|---|---|
| A.盐·························· | 1/8小匙 |
| 　白胡椒粉 ·························· | 1/4小匙 |
| 　米酒 ·························· | 1小匙 |
| B.盐·························· | 1/6小匙 |

## 做法o

1. 用小刀将鳕鱼片的鳞片刮除后，洗净沥干（如图1）。
2. 将调味料A均匀地抹在鳕鱼片的两面，腌渍约1分钟（如图2）。
3. 将腌好的鳕鱼片两面都沾上地瓜粉备用（如图3）。
4. 热锅倒入稍多的油，将鳕鱼片下锅，小火煎至两面呈金黄色后装盘（如图4）。
5. 锅底留少许油，将葱花、蒜末和红辣椒末下锅炒香，加入调味料B和水煮开后，淋在鳕鱼片上即可（如图5）。

## Tips 料理小秘诀

　　鳕鱼因含有较多油脂，在烹调时会比其他鱼种熟得更快，而鳕鱼片的厚度也决定着烹调时间的长短。若想煎得又快又美味，最好选1~2厘米厚的最为合适。鳕鱼表面水分多，油煎时较易碎，沾地瓜粉再煎，可让其表面形成一层薄外衣，不容易破碎，吃起来也更酥脆有口感。

# 蒜香煎三文鱼

材料o

三文鱼 ……… 350克
蒜片 …………15克
姜片 …………10克
柠檬 ……………1片

调味料o

盐 …………1/2小匙
米酒 ………1/2大匙

做法o

1. 三文鱼洗净沥干，放入姜片、盐和米酒腌约10分钟备用。
2. 热锅，锅面上刷少许油，放入三文鱼煎约2分钟。
3. 将三文鱼翻面，放入蒜片一起煎至金黄色，取出盛盘放上柠檬片即可。

### Tips. 料理小秘诀

三文鱼属于油脂较多的鱼种，因此在煎三文鱼的时候可以不用加入太多的油。以刷油的方式代替倒油，以减少油脂，可以避免三文鱼吸收过多的油而破坏风味，也可以让锅面的油均匀不易粘锅。

# 香煎鲳鱼

材料o

白鲳鱼 …………1条
（约200克）
葱段 …………少许
姜片 ……………1片
面粉 …………60克
柠檬 …………1/4个
花椒盐 ………适量

调味料o

盐 ……………… 5克
白胡椒粉 ……… 3克
米酒 ……… 10毫升

做法o

1. 白鲳鱼处理后清洗干净，在鱼身两面划上数刀。
2. 将葱段、姜片和调味料抹在白鲳鱼的全身，腌约20分钟后，撒上一层薄薄的面粉备用。
3. 取锅，加入色拉油烧热后，放入白鲳鱼以大火先煎过，改转中火煎至酥脆即可盛盘。
4. 可搭配柠檬和花椒盐一起食用。

鱼类料理篇

# 橙汁鲳鱼

| 材料o | 调味料o |
|---|---|
| 白鲳鱼 ············1条 | 盐 ·············· 适量 |
| （约200克） | 白胡椒粉 ······· 适量 |
| 面粉············ 60克 | 柳橙汁 ····· 150毫升 |
| | 柠檬汁 ······ 30毫升 |
| | 白砂糖 ········ 20克 |
| | 吉士粉 ········· 15克 |

## 做法o

1. 白鲳鱼处理后清洗干净，在鱼身两面划上数刀。
2. 将盐和白胡椒粉抹在鱼的全身，腌约10分钟后，撒上一层薄薄的面粉备用。
3. 取锅，加入色拉油烧热后，放入白鲳鱼以大火先煎过，改转中火煎至酥脆即可盛盘。
4. 柳橙汁、柠檬汁、白砂糖和吉士粉混合后，一起放入炒锅中煮至滚沸，将煎好的白鲳鱼放入烩熟，盛盘即可。

# 五柳鱼

| 材料o | 调味料o |
|---|---|
| 鲈鱼··············1条 | A.盐·············· 适量 |
| （约350克） | 白胡椒粉 ···· 适量 |
| 猪肉丝 ········ 20克 | 白砂糖········10克 |
| 黑木耳丝······ 30克 | 白醋·······20毫升 |
| 胡萝卜丝······ 30克 | 乌醋·······20毫升 |
| 红辣椒丝······10克 | 高汤·····150毫升 |
| 葱丝···········15克 | 米酒·······10毫升 |
| 姜丝···········10克 | B.水淀粉······· 适量 |

## 做法o

1. 将鲈鱼清理干净后，在鱼身上划数刀，撒上盐和白胡椒粉，放入锅中煎至两面金黄上色，盛出备用。
2. 取炒锅烧热，加入色拉油炒香猪肉丝后，再放入黑木耳丝、胡萝卜丝和其余调味料A煮滚，放入煎好的鲈鱼，转小火烧约10分钟，盛入盘中，再放上红辣椒丝、葱丝和姜丝。
3. 将水淀粉略加热，淋在鲈鱼身上即可。

# 普罗旺斯煎鳕鱼

**材料o**

鳕鱼肉 …………1片
（约200克）
杏鲍菇 ………… 2个
葱末…………适量
红辣椒丝 ……少许
洋葱丝 ………少许
蒜片 …………适量

**调味料o**

普罗旺斯香料1小匙
黑胡椒粒…… 少许
盐 ……………少许
香油 …………1小匙
米酒…………1大匙

**做法o**

1. 鳕鱼肉洗净，用餐巾纸吸干水分备用。
2. 起锅，加入适量油烧热，再放入鳕鱼，以小火将两面煎至上色，盛盘备用。
3. 续放入其余洗净的材料，以中火爆香，再加入所有的调味料炒香后，铺放在煎好的鳕鱼肉上即可。

# 干煎茄汁黄鱼

**材料o**

黄鱼……………1条
（约200克）
洋葱丝 ………适量
蒜片…………适量
姜片…………10克
葱段…………适量
大西红柿块 ……2块
面粉…………3大匙

**调味料o**

番茄酱 ………1大匙
蚝油…………1大匙
鸡精…………1小匙
白胡椒粉……适量
盐 ……………适量
香油…………1小匙

**做法o**

1. 黄鱼处理后洗净沥干，先用餐巾纸吸干水分。
2. 在黄鱼表面拍上薄薄的面粉备用。
3. 热锅加油，将油加热至120℃略冒白烟时，倒出锅中的油，再放入鱼煎至上色后，加入其余的材料和所有的调味料，以小火焖煮至汤汁收干即可。

鱼类料理篇

# 蛋煎鱼片

**材料o**

鸡蛋·············1个
鲷鱼肉·······300克
苜蓿芽········30克
沙拉酱········2大匙

**调味料o**

盐···········1/4小匙
白胡椒粉···1/4小匙
米酒···········2大匙
淀粉···········1大匙

**做法o**

1. 将鲷鱼肉洗净斜切成长方形大块，再放入大碗中，加入所有调味料，腌渍1分钟备用。
2. 鸡蛋打散；热平底锅，倒入少许色拉油，将鱼片沾上蛋液后放入平底锅中，以小火煎约2分钟后，翻面再煎2分钟至熟。
3. 取一盘，将洗净的苜蓿芽放置盘中垫底，把煎好的鱼片排放至苜蓿芽上，再挤上沙拉酱即可。

Tips. **料理小秘诀**

　　煎鱼片时抹上少许蛋液，不但能让鱼片不容易碎裂，更能增加鱼片的香气，吃起来也较滑嫩美味。

# 银鱼煎蛋

**材料o**

银鱼·········· 70克
鸡蛋·········· 4个
葱花·········· 20克
蒜末·········· 5克

**调味料o**

盐 ·········· 1/4小匙

**做法o**

1. 将鸡蛋打入碗中，加入葱花及盐一起拌匀后备用。
2. 热锅，加入少许油，以小火爆香蒜末后，加入银鱼炒至鱼身干香后起锅，再将炒过的银鱼加入蛋液中拌匀。
3. 热锅，加入约2大匙油烧热，倒入蛋液，煎至两面焦黄即可。

Tips. **料理小秘诀**

　　通常从市场买到的银鱼都已经事先烫煮过，也有咸味，因此做这道菜时不需要再添加过多的盐，以免太咸。

# 葱烧鲫鱼

材料o

葱段…………50克
鲫鱼…………2条
（约400克）
姜片…………10克
水 …………300毫升

调味料o

辣豆瓣酱……1大匙
蚝油…………1大匙
酱油…………1大匙
米酒…………1大匙
乌醋…………2大匙
白醋…………1大匙
冰糖…………1大匙

做法o

1. 将鲫鱼处理后洗净沥干。
2. 取锅，加入适量油烧热至160℃，放入鲫鱼炸至两面上色，再转小火炸一下，捞出备用。
3. 另热锅，加入2大匙油，先放入葱段、姜片爆香，再依序加入调味料、水、鲫鱼，盖上锅盖，以小火烧煮入味，至汤汁微干即可熄火放凉。
4. 将做法3的材料盛盘，并用保鲜膜封紧盘口，放入冰箱冷藏至冰凉即可。

# 葱烧黄鱼

材料o

葱 …………15根
大黄鱼…………1条
（约250克）
绍兴酒………5大匙
高汤………600毫升

调味料o

酱油…………4大匙
白砂糖………3大匙

做法o

1. 将黄鱼处理后洗净，两面各划3刀；葱洗净后，切成长约5厘米的段。
2. 取锅，加入5大匙油烧热，放入黄鱼，将两面各煎至酥脆后盛出。
3. 续放入葱段，以小火炸至葱段表面呈金黄色后加入白砂糖，以微火略炒约3分钟至香味散出。
4. 加入酱油、绍兴酒和高汤，再放入黄鱼，以小火烧至汤汁浓稠即可。

鱼类
料理
篇

# 鲳鱼米粉

## 材料o

| | |
|---|---|
| 鲳鱼·······················1条 | |
| （约700克） | |
| 细米粉················200克 | |
| 泡发香菇···············50克 | |
| 虾米·····················20克 | |
| 红葱头··················30克 | |
| 蒜苗·····················50克 | |
| 芹菜末··················10克 | |
| 香菜·····················适量 | |
| 高汤·············1200毫升 | |

## 调味料o

| | |
|---|---|
| 盐·························1小匙 | |
| 白砂糖·············1/2小匙 | |
| 白胡椒粉···········1/2小匙 | |

## 做法o

1. 鲳鱼处理后洗净切块；米粉泡水约20分钟后捞起沥干。

2. 虾米用开水浸泡5分钟至软，再捞起沥干；泡发香菇去蒂洗净切丝；红葱头洗净切碎；蒜苗洗净切斜片备用。

3. 热锅，倒入适量油烧热至约180℃，将鲳鱼放入锅内，以大火炸约1分钟至表面酥脆后捞起沥油，再切大块备用。

4. 另热锅，加入2大匙色拉油，以小火爆香红葱头至呈金黄，再加入虾米、香菇丝略炒，续倒入高汤、米粉及鲳鱼块。

5. 煮约1分钟后，加入盐、白砂糖、白胡椒粉、蒜苗片，煮匀后关火盛起，撒上芹菜末和香菜即可。

# 红烧鱼尾

**材料o**

草鱼尾 ············ 1个
（约300克）
姜片 ············ 20克
葱段 ············ 适量
红辣椒丝 ······· 适量
蒜苗 ············ 适量
水 ············ 400毫升

**调味料o**

A.酱油 ············ 2大匙
　白砂糖 ······· 1大匙
　米酒 ············ 1大匙
B.水淀粉 ······· 适量

**做法o**

1. 草鱼尾处理干净后用刀在一面划叉，
   再以沸水汆烫；蒜苗洗净切丝，备用。
2. 取锅，加入姜片、葱段、调味料A
   （水淀粉先不加入）及草鱼尾，以小
   火煮5分钟，翻面转中火煮至汤汁略
   收干。
3. 盛出草鱼尾，将汤汁以水淀粉勾芡
   后，淋在草鱼尾上，放上蒜苗丝及红
   辣椒丝即可。

鱼类
料理
篇

# 胡麻油鱼片

材料o

剥皮鱼 ········ 400克
胡麻油 ········ 2大匙
姜片 ·········· 15克
枸杞子 ········ 5克
水 ·········· 600毫升

调味料o

盐 ·········· 1/4小匙
鸡精 ········· 1/2小匙
米酒 ·········· 3大匙

做法o

1. 剥皮鱼处理后洗净切大块，备用。
2. 热锅，加入胡麻油，放入姜片以小火爆香，再放入鱼块煎一下。
3. 加入米酒、水煮至沸腾。
4. 加入枸杞子煮约5分钟熄火，加入盐、鸡精拌匀即可。

### Tips. 料理小秘诀

　　剥皮鱼的肉质细致，但是鱼皮厚且粗故较少食用，鱼眼光亮、鱼身饱满的剥皮鱼较新鲜。虽然卖家常常将剥皮鱼事先剥好皮处理过，从卫生角度出发，建议买回家自己剥皮为好。

# 啤酒鱼

材料o

马鲛鱼 ········· 1条
（约500克）
葱 ·········· 30克
干辣椒 ········· 5克
姜片 ·········· 20克
芹菜段 ········ 30克
香菜 ·········· 适量
水 ·········· 100毫升

调味料o

啤酒 ·········· 1罐
（约350毫升）
蚝油 ········· 2大匙
白砂糖 ······ 1/2小匙

做法o

1. 马鲛鱼处理干净后以厨房纸巾擦干，在鱼身两面各划1刀；葱洗净切段，备用。
2. 热锅，倒入少许色拉油，将鱼放入锅中，以小火煎至两面微焦后，取出装盘备用。
3. 另热锅，倒入少许油，以小火爆香葱段、干辣椒及姜片，再加入鱼、芹菜段、啤酒、水、蚝油和白砂糖，以小火煮滚后再煮约10分钟，至水分略干，加入适量香菜即可。

# 韩式泡菜鱼

**材料o**

韩式泡菜……120克
鱼肉……………1块
(约500克 )
姜末…………… 5克
蒜末…………10克
葱段…………30克
水………300毫升

**调味料o**

A.蚝油……… 1小匙
　酱油……… 1小匙
　白砂糖…1/2小匙
　米酒……… 1大匙
B.香油……… 1大匙

**做法o**

1. 鱼肉洗净后，在鱼身两侧各划1刀，划深至骨头处但不切断，备用；泡菜切碎连汤汁备用。
2. 热锅，加入3大匙油，将鱼下锅，以小火煎至两面焦黄后，将鱼先起锅，放入葱段、姜末和蒜末爆香，再将泡菜及鱼放入，开中火，加入水及所有调味料A。
3. 水滚后关小火，不时铲动鱼以防粘锅，煮约10分钟至汤汁收干，加入香油即可。

# 西红柿烧鱼

**材料o**

西红柿……… 2个
鲈鱼……………1条
(约600克)
洋葱…………80克
蒜末…………20克
葱段…………30克
水………250毫升

**调味料o**

A.盐……… 1/4小匙
　番茄酱……2大匙
　白砂糖……2小匙
　白醋……… 1小匙
B.香油……… 1小匙

**做法o**

1. 将鲈鱼处理后洗净擦干；西红柿洗净后切小块；洋葱洗净去皮后切小块。
2. 热锅，倒入少许油，将鱼的两面煎至焦黄，再取出装盘备用。
3. 热锅，倒入少许油，以小火爆香洋葱块、蒜末、葱段，再放入鱼、西红柿块、水及调味料A一起煮滚。
4. 待煮滚后关小火，续煮约12分钟至汤汁稍干，加入香油即可。

鱼类料理篇

# 蒜烧黄鱼

### 材料o

蒜仁…………50克
黄鱼……………1条
（约300克）
葱段…………10克
红辣椒片……10克
面粉…………少许
水…………150毫升

### 腌料o

盐…………1/4小匙
米酒…………1大匙
葱段…………10克
姜片…………10克

### 调味料o

白砂糖……1/4小匙
乌醋…………1小匙
酱油…………1大匙

### 做法o

1. 黄鱼处理后洗净，加入所有腌料腌约10分钟备用。
2. 热锅，倒入稍多的油，待油温烧热至160℃时，将黄鱼均匀沾裹上面粉，放入油锅中炸约4分钟，捞起沥干备用。
3. 放入蒜仁，炸至表面金黄，捞起沥干备用。
4. 锅中留少许油，放入葱段、红辣椒片及蒜仁炒香，加入水和所有调味料煮至沸腾。
5. 加入黄鱼煮至入味即可。

# 蒜烧三文鱼块

### 材料o

蒜仁…………… 8粒
三文鱼片………1片
（约220克）
猪肉泥………80克
红辣椒…………1个
葱……………1根
水……………适量

### 调味料o

A.酱油……30毫升
米酒……30毫升
白砂糖………5克
乌醋……10毫升
白胡椒粉……5克
B.水淀粉……适量

### 做法o

1. 三文鱼片略冲洗，切块；红辣椒和葱洗净，切段。
2. 取炒锅烧热，倒入色拉油，放入三文鱼块煎至两面略呈焦黄后，盛起备用。
3. 放入猪肉泥炒香，加入水和调味料A转小火烧约10分钟，放入红辣椒段、葱段、蒜仁和三文鱼块略煮，再以水淀粉勾芡即可。

# 砂锅鱼头

### 材料o

鲢鱼头1/2个（约200克）、老豆腐1块、芋头块1/2个、包心菜1颗、葱段30克、姜片10克、蛤蜊8个、豆腐角10个、（泡发）黑木耳片30克、水1000毫升

### 腌料o

盐1小匙、白砂糖1/2小匙、淀粉3大匙、鸡蛋1个、白胡椒粉1/2小匙、香油1/2小匙

### 调味料o

盐1/2小匙、蚝油1大匙

### 做法o

1. 将腌料混合拌匀，均匀地涂在处理干净的鲢鱼头上（如图1）。
2. 将鲢鱼头放入油锅中，炸至表面呈金黄色后捞出沥油（如图2）。
3. 老豆腐洗净，切长方块，放入油锅中炸至表面呈金黄色后捞出沥油。
4. 芋头块放入油锅中（如图3），以小火炸至表面呈金黄色后捞出沥油（如图4）。
5. 包心菜洗净，切成大片后放入滚水中汆烫，再捞起沥干，放入砂锅底。
6. 在砂锅中依序放入鲢鱼头、葱段、姜片（如图5）、老豆腐块、豆腐角、黑木耳片、炸过的芋头块，加入水和所有调味料，煮约12分钟，再加入蛤蜊煮至开壳即可。

鱼类料理篇

# 日式煮鱼

## 材料o

尼罗红鱼............1条
（约300克）
姜片············· 30克
葱段·············· 适量
水 ············250毫升

## 调味料o

鲣鱼酱油······6大匙
味醂·········3大匙
米酒·········5大匙
白砂糖········1大匙

## 做法o

1. 尼罗红鱼处理后清洗干净，在靠近鱼身背部肉多的地方，划深及鱼骨的交叉刀备用。
2. 取锅，加入姜片、葱段、水及所有调味料煮至沸腾。
3. 放入尼罗红鱼以小火煮7～8分钟，捞除姜片、葱段即可。

## Tips. 料理小秘诀

如果鱼肉太厚，须在鱼身上划几刀，最好深及鱼骨，让鱼肉快速煮熟，尤其是肉多的地方。这样才不会有其他地方太熟，而肉多的地方却还是半生半熟的状况发生。

# 三文鱼卤

## 材料o

三文鱼 ········ 300克
荸荠·········· 200克
蒜苗段 ········15克
水 ········500毫升

## 调味料o

酱油·········50毫升
白砂糖······1/4小匙
米酒·········2大匙

## 做法o

1. 三文鱼洗净切块；荸荠洗净去皮，切块备用。
2. 取锅，加入水和调味料拌均匀煮至滚沸，放入荸荠煮滚后，放入三文鱼块煮2分钟，再放入蒜苗段卤至入味即可。

## Tips. 料理小秘诀

油而不腻的三文鱼，是少数用卤煮肉质也不会太硬的鱼类，多煮一会也不会有干涩的口感。但因为是与酱油同煮，所以就不需要额外再加盐了，以免过咸。

# 咖喱煮鱼块

### 材料o

巴沙鱼肉……300克
咖喱粉………1大匙
土豆………200克
西蓝花………80克
洋葱片………50克
蒜末…………5克
水………600毫升

### 腌料o

盐…………少许
米酒…………1小匙
淀粉…………1小匙
玉米粉………1小匙

### 调味料o

盐…………1/4小匙
鸡精………1/4小匙
白砂糖………少许

### 做法o

1. 巴沙鱼肉洗净切块，加入腌料腌约15分钟，捞出放入热油锅中炸约1分钟后，捞起沥油。

2. 土豆洗净去皮切块，放入滚水中煮约10分钟，捞起沥干；西蓝花洗净切小朵，放入滚水中略氽烫后捞起沥干。

3. 热锅，加入1大匙油烧热，放入洋葱片和蒜末爆香。先加入土豆块和咖喱粉炒一下，再加入水煮滚，并盖上锅盖煮10分钟；续放入鱼块和调味料煮至入味，再放入西蓝花装饰起锅盛碗即可。

# 鱼片翡翠煲

### 材料o

鲷鱼片·······250克
上海青·······100克
红甜椒········40克
南瓜··········40克
姜片···········20克
水············50毫升

### 腌料o

酱油···········1小匙
淀粉···········1小匙
白胡椒粉······1小匙

### 调味料o

A.盐············1小匙
　白砂糖······1小匙
　米酒·········1大匙
　香油·········1大匙
　白胡椒粉1/2小匙
B.七味粉·······适量

### 做法o

1. 上海青洗净切丝；南瓜洗净切片；红甜椒洗净切丁，备用。
2. 将上海青丝与南瓜片分别放入沸水中烫熟备用。
3. 鱼片用所有腌料腌10分钟，放入沸水中烫熟备用。
4. 热锅，倒入适量油，放入姜片爆香，加入红甜椒丁、上海青丝、南瓜片、鲷鱼片、水及所有调味料A煮至略收汁，撒上七味粉即可。

# 蒜炖鳗鱼

材料○

鳗鱼…………1/2条
（约400克）
蒜仁…………80克
姜片…………10克
水…………800毫升

调味料○

盐…………1/2小匙
鸡精…………1/4小匙
米酒…………1小匙

做法○

1. 鳗鱼处理后洗净切小段置于汤锅（或内锅）中，将蒜仁、米酒与姜片、水一起放入汤锅（或内锅）。
2. 电锅外锅加入1杯水（材料外），放入汤锅，盖上锅盖，按下开关蒸至开关跳起。
3. 取出鳗鱼后，加入盐、鸡精调味即可。

# 药炖鲈鱼

材料○

A.鲈鱼………600克
白萝卜………1/4个
胡萝卜………1/4个
玉米…………1个
姜片…………40克
蒜仁…………30克
棉布包………1个
B.当归…………6克
人参…………6克
黄芪…………6克
党参…………6克
枸杞子………6克
红枣…………6克
川芎…………6克
桂枝…………6克
玉竹…………6克
水……1600毫升

调味料○

盐…………2小匙
鸡精…………1小匙
白胡椒粉……少许
米酒…………适量

做法○

1. 鲈鱼处理后洗净备用。
2. 将白萝卜与胡萝卜洗净削皮后，切成大小合适的滚刀块；玉米洗净切片，备用。
3. 把所有材料B放入棉布包中绑紧封口，用清水冲洗约30秒。
4. 内锅中加入1000毫升水、药材包、鲈鱼、姜片、蒜仁与所有做法1中的材料；外锅加入600毫升水，按下开关煮至开关跳起，加入米酒与白胡椒粉，续焖10分钟。
5. 加入盐及鸡精再焖3分钟即可。

鱼类料理篇

47

# 苋菜银鱼羹

### 材料o

苋菜·········· 350克
银鱼··········· 100克
鱼板··········· 20克
蒜末··········· 15克
高汤········· 800毫升

### 调味料o

盐 ··········· 1/4小匙
鸡精········· 1/4小匙
米酒··········· 1小匙
白胡椒粉······· 少许
水淀粉 ·········· 适量

### 做法o

1. 银鱼洗净沥干；鱼板切丝，备用。
2. 苋菜洗净切段，放入沸水中汆烫一下，沥干备用。
3. 热锅，倒入少许油，放入蒜末爆香至金黄色，取出蒜末即成蒜酥，备用。
4. 锅中倒入高汤煮沸，放入苋菜再次煮沸。
5. 加入银鱼、鱼板丝及除水淀粉之外的所有调味料煮匀，再以水淀粉勾芡，撒上蒜酥即可。

### Tips.料理小秘诀

银鱼含有丰富的钙质，吃起来又不怕被鱼刺噎到，是许多老人、小孩补充营养的首选鱼种。但从市场上买回家的银鱼可别急着下锅料理，要记得先用清水冲洗过滤。因为这类小鱼常常会夹带着细砂和小石块，若不处理干净，除了影响美味，也不卫生。

# 三丝鱼翅羹

## 材料o

| | |
|---|---|
| 水发鱼翅 | 150克 |
| 猪瘦肉 | 75克 |
| 香菇 | 3朵 |
| 竹笋 | 80克 |
| 胡萝卜 | 适量 |
| 葱 | 3根 |
| 姜片 | 7片 |
| 香菜 | 少许 |
| 高汤 | 1500毫升 |

## 腌料o

| | |
|---|---|
| 盐 | 少许 |
| 白胡椒粉 | 少许 |
| 淀粉 | 少许 |

## 调味料o

| | |
|---|---|
| A.盐 | 1/2小匙 |
| 鸡精 | 1小匙 |
| 米酒 | 1小匙 |
| 乌醋 | 1.5小匙 |
| 白胡椒粉 | 少许 |
| B.香油 | 少许 |
| 水淀粉 | 少许 |

## 做法o

1. 将水发鱼翅加入高汤500毫升、葱2根、姜5片及米酒1小匙，以小火煮约30分钟后，捞出沥干汤汁并挑除葱、姜片，备用。
2. 香菇用水浸泡至软切丝；竹笋洗净去壳切丝；胡萝卜去皮洗净切丝；猪瘦肉切丝，加少许盐、白胡椒粉及淀粉腌约10分钟。
3. 热锅，加入1小匙油；葱1根切小段，与剩余的姜片入锅中爆香后，将葱段、姜片捞掉。
4. 于锅中加入高汤1000毫升、竹笋丝、香菇丝、胡萝卜丝、猪瘦肉丝及鱼翅后，煮至沸腾。
5. 再加入所有调味料A煮匀后，以水淀粉勾芡，起锅盛碗淋上香油，并放上香菜即可。

鱼类料理篇

49

# 南瓜鲜鱼浓汤

材料o

去皮南瓜…… 300克
巴沙鱼肉……100克
高汤………300毫升
洋葱末 ………2大匙
鲜奶油 ………1大匙

调味料o

盐 …………1小匙
黑胡椒粉…… 适量
淀粉…………适量

做法o

1. 取去皮南瓜2/3的分量蒸至熟烂，取出压成泥，其余的1/3分量切丁备用。
2. 锅烧热，倒入色拉油，放入洋葱末，以小火炒软，加入南瓜丁略炒。
3. 倒入高汤和南瓜泥，以小火煮滚，加入盐调味，倒入碗中备用。
4. 巴沙鱼肉洗净切丁，加入淀粉及1/4小匙盐（材料外）略腌，放入滚水中烫熟，放至做法3的碗中，最后淋入鲜奶油和黑胡椒粉即可。

# 越式酸鱼汤

材料o

尼罗红鱼…… 500克
菠萝………100克
黄豆芽 ……… 30克
西红柿…………1个
香菜………… 50克
罗勒………… 5片
水 ………800毫升

调味料o

盐 …………1/4小匙
鱼露…………2大匙
白砂糖 ……… 1大匙
罗望子酱…… 3大匙

做法o

1. 将尼罗红鱼处理后洗净切块，放入滚水中汆烫备用。
2. 将菠萝、西红柿洗净切块备用。
3. 取汤锅，倒入水煮滚，加入做法1、做法2的材料煮3分钟，加入所有调味料和黄豆芽煮2分钟后熄火。
4. 食用时再撒入罗勒和香菜即可。

# 豆豉蒸鱼

**材料o**

虱目鱼肚………1片
（约200克）
蒜片…………适量
红辣椒片……适量
葱段…………适量
姜片………… 5克
新鲜罗勒……适量
水…………300毫升

**调味料o**

黑豆豉………1大匙
香油…………1小匙
白砂糖………1小匙
盐……………1小匙
白胡椒粉……1小匙

**做法o**

1. 将虱目鱼肚洗净，用餐巾纸吸干水分，放入盘中。

2. 取一容器，加入所有的调味料一起轻轻搅拌均匀，铺盖在虱目鱼肚上。

3. 将蒜片、红辣椒片、葱段、姜片和罗勒叶放至虱目鱼肚上，封上保鲜膜，放入电锅中，外锅加入300毫升水，蒸至开关跳起即可。

鱼类
料
理
篇

# 豆酥鳕鱼

## 材料o

碎豆酥………50克
鳕鱼……………1片
(约200克)
葱段…………30克
姜片…………10克
蒜末…………10克
葱花…………20克

## 调味料o

米酒…………1大匙
白砂糖……1/4小匙
辣椒酱………1小匙

## Tips. 料理小秘诀

　　豆酥鳕鱼要做得好吃,首先要炒好豆酥,豆酥的香味要经过一段时间翻炒过后才能完全散发出来。翻炒时要均匀,同时火不能开太大,否则会炒焦而有苦味产生。在最后放入葱花时,只要炒匀即可,若炒太久反而会使葱的香味变淡。

## 做法o

1. 鳕鱼片洗净后置于蒸盘;葱段洗净拍破、姜拍破后,铺至鳕鱼片上,再洒上米酒(如图1)。
2. 将鳕鱼片放入蒸笼中,以大火蒸约8分钟后取出(如图2)。
3. 将蒸好的鳕鱼片挑去葱段和姜片,再将水分滤除(如图3)。
4. 热锅,倒入约100毫升色拉油,放入蒜末以小火略炒,再加入碎豆酥及白砂糖,转中火不停翻炒,炒至豆酥颜色呈金黄色,即可转小火(如图4)。
5. 续加入辣椒酱快炒,再加入葱花炒散(如图5),最后铲起炒好的豆酥,铺至鳕鱼片上即可(如图6)。

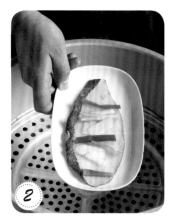

# 豆瓣鱼

材料o

尼罗红鱼·········1条
葱段··········适量
姜片··········3片
盒装豆腐······1/2盒
猪肉泥·········80克
葱花··········1小匙
姜末·········1/2小匙
蒜末·········1/2小匙
水·········80毫升

调味料o

A.盐········1/4小匙
　酱油·······1小匙
　白砂糖·····1小匙
　米酒·······1大匙
B.水淀粉·····1小匙
　辣豆瓣酱··1大匙

做法o

1. 尼罗红鱼处理后清理干净、鱼身两面各划3刀；取一盘放上葱段、姜片，再放上尼罗鱼，入蒸笼蒸约10分钟至熟后取出，丢弃葱段、姜片，备用。
2. 取出盒装豆腐切小丁、沥干水分，备用。
3. 锅烧热，加入1大匙色拉油，放入猪肉泥炒至肉色变白，再加入蒜末、姜末、辣豆瓣酱略炒，续加入水、调味料A、豆腐丁，煮至滚沸后以水淀粉勾芡，淋在鱼上，并撒上葱花即可。

# 豆酱鲜鱼

材料o

鲈鱼··········1条
（约400克）
姜末··········10克
红辣椒末·······5克
葱花··········10克

调味料o

黄豆酱·······3大匙
酱油··········1大匙
米酒··········2大匙
白砂糖·······1大匙
香油··········1小匙

做法o

1. 鲈鱼处理后洗净沥干，从腹部切开至背部但不切断，将整条鱼摊成片，放入盘中，盘底横放1根筷子备用。
2. 将黄豆酱放入碗中，加入米酒、酱油、白砂糖及姜末、红辣椒末混合成蒸鱼酱。
3. 将蒸鱼酱均匀淋在鱼上，封上保鲜膜，注意两边要留小缝隙透气勿密封，移入蒸笼以大火蒸约8分钟后取出，撕去保鲜膜，撒上葱花并淋上香油即可。

# 清蒸鲈鱼

### 材料o

| | |
|---|---|
| 鲈鱼····························· | 1条 |
| (约700克) | |
| 葱····························· | 4根 |
| 姜····························· | 30克 |
| 红辣椒························· | 1个 |
| 水····························· | 50毫升 |

### 调味料o

| | |
|---|---|
| A.蚝油······················· | 1大匙 |
| 酱油························· | 2大匙 |
| 白砂糖····················· | 1大匙 |
| 白胡椒粉················· | 1/6小匙 |
| B.米酒······················· | 1大匙 |
| 色拉油····················· | 50毫升 |

### 做法o

1. 鲈鱼处理后洗净，从鱼背鳍与鱼头处到鱼尾纵切1刀深至鱼骨，将切口处向下置于蒸盘上，在鱼身下横垫1根筷子以利蒸汽穿透。

2. 将2根葱洗净切段并拍破，10克姜洗净切片，铺在鲈鱼上，洒上米酒，放入蒸笼中，以大火蒸约15分钟至熟，再取出装盘，葱、姜及蒸鱼水舍弃不用。

3. 取另2根葱、20克姜和红辣椒洗净切细丝，铺在鲈鱼上。热锅，倒入适量色拉油，烧热后淋至葱丝、姜丝和红辣椒丝上，再将调味料A和水混合煮滚后淋在鲈鱼上即可。

## Tips.料理小秘诀

蒸鱼时，火候一定要控制好，最好用中大火，如此蒸出来的鱼肉质才不会太老。蒸的时间也不宜过久，如此才能保持鱼本身的鲜甜。

# 清蒸鳕鱼

## 材料o

| | |
|---|---|
| 鳕鱼片 | 1片 |
| （约250克） | |
| 姜片 | 10克 |
| 葱段 | 10克 |
| 香菜 | 适量 |
| 姜丝 | 适量 |
| 葱丝 | 适量 |
| 红辣椒丝 | 适量 |

## 调味料o

| | |
|---|---|
| A.米酒 | 1大匙 |
| 　香油 | 1小匙 |
| B.白砂糖 | 1/4小匙 |
| 　鱼露 | 1小匙 |
| 　酱油 | 1/2大匙 |

## 做法o

1. 取一蒸盘放上姜片、葱段，再放上洗净的鳕鱼片，淋上米酒，放入蒸锅中蒸约7分钟至熟，取出备用。
2. 热锅，放入调味料B煮至沸腾，再加入香油拌匀。
3. 将做法2的调味料淋在鳕鱼上，再撒上香菜、姜丝、葱丝、红辣椒丝即可。

## Tips. 料理小秘诀

　　蒸鱼最怕蒸熟的鱼皮粘在盘上。有个让蒸鱼不粘的小诀窍，就是在蒸盘上先铺上姜片、葱段等辛香料，让鱼皮不直接接触盘面，就可以减少粘的状况。此外，这些辛香料还有去腥提味的效果，让蒸鱼风味更佳。

# 鱼肉蒸蛋

材料o

| | | | |
|---|---|---|---|
| 鱼肉 | 80克 | | |
| 鸡蛋 | 4个 | | |
| 葱丝 | 10克 | | |
| 红辣椒丝 | 5克 | | |
| 水 | 300毫升 | | |

调味料o

| | |
|---|---|
| 米酒 | 1小匙 |
| 盐 | 1/6小匙 |
| 白胡椒粉 | 1/6小匙 |

做法o

1. 鱼肉洗净切片，放入滚水中汆烫，约10秒后捞起过水泡凉，沥干备用。
2. 将鸡蛋打散，加入水和所有调味料拌匀，以细滤网过滤掉结缔组织及泡沫。
3. 将蛋液装碗，放入鱼肉片，用保鲜膜封好。
4. 将碗放入蒸笼，以小火蒸约15分钟至蒸蛋熟（轻敲蒸笼，令鸡蛋不会有水波纹）。取出撕去保鲜膜，撒上葱丝、红辣椒丝即可。

# 麻婆豆腐鱼

材料o

| | |
|---|---|
| 草鱼肉 | 1块 |
| (约300克) | |
| 盒装嫩豆腐 | 1/2盒 |
| 猪肉泥 | 50克 |
| 葱段 | 30克 |
| 姜片 | 10克 |
| 蒜末 | 10克 |
| 姜末 | 10克 |
| 葱花 | 20克 |
| 水 | 80毫升 |

调味料o

| | |
|---|---|
| 米酒 | 1大匙 |
| 辣椒酱 | 2大匙 |
| 酱油 | 1匙 |
| 白砂糖 | 1匙 |
| 水淀粉 | 1大匙 |
| 香油 | 1匙 |
| 花椒粉 | 1/8小匙 |

做法o

1. 将草鱼肉洗净沥干后，在鱼身切花刀，置于蒸盘上；嫩豆腐切丁备用。
2. 将葱段拍松，与姜片一起铺在草鱼上，洒上米酒，放入蒸笼，以大火约15分钟至熟，再取出装盘，葱段、姜片及蒸鱼水舍弃不用。
3. 热锅，加入少许色拉油，先以小火爆香蒜末、姜末及辣椒酱，再放入猪肉泥炒至变白松散。
4. 续加入酱油、白砂糖及水，烧开后放入豆腐丁。略煮滚后，开小火，一边慢慢淋入水淀粉，一边摇晃炒锅，使水淀粉均匀。
5. 用锅铲轻推，勿使豆腐丁破烂，加入香油及花椒粉、葱花拌匀后，淋至草鱼身上即可。

鱼类料理篇

# 咸鱼蒸豆腐

**材料o**

咸鲭鱼 ························· 80克
豆腐························· 180克
姜丝 ·························· 20克

**调味料o**

香油 ························· 1/2小匙

**做法o**

1. 豆腐冲净切成厚约1.5厘米的片状，置于盘里备用（如图1）。
2. 咸鲭鱼略清洗过，斜切成厚约0.5厘米的薄片备用（如图2）。
3. 将咸鱼片摆放在豆腐上（如图3）。
4. 铺上姜丝（如图4）。
5. 电锅外锅加入3/4杯水，放入蒸架后，将咸鱼片放置架上（如图5），盖上锅盖，按下开关，蒸至开关跳起，取出鱼后淋上香油即可。

## Tips.料理小秘诀

这道料理也可以用微波炉做，做法1至做法4同电锅做法，淋上5毫升米酒及50毫升水(材料外)，用保鲜膜封好，放入微波炉以大火微波4分钟即可。

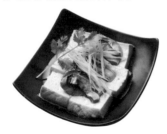

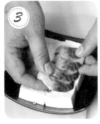

# 清蒸鱼卷

## 材料o

鱼肚档 ┄┄┄ 250克
香菇 ┄┄┄┄┄ 4朵
姜丝 ┄┄┄┄┄ 40克
豆腐 ┄┄┄┄┄ 1块
葱丝 ┄┄┄┄┄ 30克
红辣椒丝 ┄┄ 10克
香菜 ┄┄┄┄┄ 10克
黑胡椒粉 ┄ 1/2小匙
水 ┄┄┄┄ 100毫升

## 调味料o

鱼露 ┄┄┄┄┄ 2大匙
冰糖 ┄┄┄┄┄ 1小匙
香菇精 ┄┄┄ 1小匙
米酒 ┄┄┄┄┄ 1大匙
香油 ┄┄┄┄┄ 2大匙
色拉油 ┄┄┄ 2大匙

## 做法o

1. 鱼肚档洗净切片；豆腐洗净切片后铺于盘中；香菇洗净切成丝，备用。
2. 鱼露、冰糖、香菇精、水、米酒一起调匀后备用。
3. 将鱼肚档片包入香菇丝、姜丝后卷起来，放在排好的豆腐片上。
4. 将做法2的调味料淋在做法3的材料上，放入蒸笼以大火蒸8分钟。
5. 将蒸好的鱼卷取出，撒上葱丝、红辣椒丝、香菜及黑胡椒粉，再把香油、色拉油烧热后，淋在鱼卷上即可。

# 蒜泥蒸鱼片

## 材料o

蒜泥酱 ┄┄┄┄ 适量
鲷鱼片 ┄┄┄┄ 1片
（约250克）
葱花 ┄┄┄┄┄ 10克
开水 ┄┄┄┄┄ 1小匙

## 调味料o

蚝油 ┄┄┄┄┄ 1大匙
白砂糖 ┄┄┄ 1小匙

## 做法o

1. 把鲷鱼片洗净后，切厚片排放在蒸盘上。
2. 将水和所有调味料混合成酱汁备用。
3. 将蒜泥酱淋至鲷鱼片上，封上保鲜膜，放入蒸笼以大火蒸约15分钟后取出，撕去保鲜膜，撒上葱花，再淋上酱汁即可。

鱼类料理篇

# 泰式柠檬鱼

## 材料o

柠檬…………1/2个
鲈鱼……………1条
（约500克）
姜片…………20克
红辣椒…………1个
香菜…………少许

## 调味料o

鱼露…………2小匙
白胡椒粉………少许
甘味酱油……1大匙
白砂糖………2小匙
香油…………1大匙

## 做法o

1. 将鲈鱼处理后洗净，两侧各划开5刀，放置于蒸盘内；柠檬洗净切片、红辣椒洗净切斜片，备用。
2. 将柠檬片置于切开的鱼肉中，红辣椒片和姜片放在鱼肚中。
3. 将鱼露及白胡椒粉、酱油、白砂糖、香油搅拌均匀，淋于柠檬鱼身上，放入蒸锅以大火蒸约10分钟，至鱼肉熟透后取出，撒上香菜即可。

# 粉蒸鳝鱼

## 材料o

鳝鱼片………150克
葱……………1根
蒜末…………20克

## 调味料o

A.蒸肉粉……2大匙
辣椒酱……1大匙
酒酿………1大匙
酱油………1小匙
白砂糖……1小匙
香油………1大匙
B.香醋………1大匙

## 做法o

1. 鳝鱼片洗净后沥干，切成约5厘米长的段；葱洗净切丝，备用。
2. 将鳝鱼片、蒜末与调味料A一起拌匀，腌渍约5分钟后装盘。
3. 电锅外锅加入1/2杯水，放入蒸架后，将鳝鱼片放置架上，盖上锅盖，按下开关，蒸至开关跳起，取出并撒上葱丝，淋上香醋即可。

# 盐烤鱼下巴

**材料o**
鱼下巴 ·········· 4片
（约200克）

**调味料o**
米酒·········· 2大匙
盐 ·············· 1小匙

**做法o**

1. 鱼下巴洗净后抹上米酒，静置约3分钟。
2. 烤箱预热至220 ℃，将烤盘铺上铝箔纸备用。
3. 将盐均匀地撒在鱼下巴的两面，再将其放至烤盘上，放入烤箱烤约7分钟至熟即可。

# 盐烤三文鱼

**材料o**
三文鱼 ···········1片
（约250克）
奶油·········· 1大匙
白酒·········· 1大匙
洋葱丝 ········· 适量

**调味料o**
盐 ·············· 少许

**做法o**

1. 三文鱼洗净，用餐巾纸吸干水分，再将盐均匀地抹在三文鱼上。
2. 取一铝箔纸，底部涂上奶油、铺上洋葱丝，再放入三文鱼、淋入白酒，接着再包紧开口，放入烤箱中，以200 ℃烤约15分钟即可。

Tips. **料理小秘诀**

　　三文鱼富含油脂，吃起来软嫩有弹性，不论是做成生鱼片或是用煎烤的方式料理都很合适，只要鱼够新鲜，简单调味就很鲜美。

鱼类料理篇

# 盐烤香鱼

### 材料o

香鱼·····························1条
（约200克）
柠檬片 ·····················适量
巴西里 ·····················适量

### 调味料o

米酒·····················1/2大匙
盐 ·····················1/2大匙

### 做法o

1. 香鱼处理后洗净沥干，均匀地抹上米酒，腌约5分钟备用。

2. 在香鱼表面均匀地抹上一层盐，放入已预热的烤箱中以220℃烤约15分钟。

3. 取出烤好的香鱼，搭配柠檬片、巴西里即可。

## Tips. 料理小秘诀

可以利用铝箔纸包裹鱼，再放进烤箱，这样就可以减少鱼皮粘在烤盘上的状况。但是要记得在铝箔纸上剪几个小洞以透气，这样才不会因为有水蒸气而使肉质过于软烂。

# 葱烤白鲳鱼

材料o
白鲳鱼 ····················· 1条
（约300克）
香菜 ····················· 适量

腌料o
葱末 ····················· 1大匙
酱油 ····················· 1小匙
白砂糖 ····················· 1/4小匙
姜泥 ····················· 1/4小匙
米酒 ····················· 1/4小匙
番茄酱 ····················· 1大匙

做法o
1. 将所有的腌料均匀混合成葱味腌酱备用。
2. 鲳鱼处理后洗净，在两面各划上花刀。
3. 将鲳鱼加入葱味腌酱，腌约15分钟备用。
4. 将鲳鱼放入已预热的烤箱中，以150 ℃烤约15分钟后取出盛盘，再摆上香菜装饰即可。

## Tips.料理小秘诀

在鱼的两侧划花刀，可以让鱼在腌的过程中更快入味，但是不要划太多刀，以免刀痕相隔太近，在烹调过程中让鱼肉散开。

鱼类
料理篇

# 烤秋刀鱼

### 材料o

秋刀鱼·········· 2条
（约400克）
柠檬片········· 适量

### 腌料o

盐·········· 1小匙
米酒·········· 1大匙
葱段·········· 10克
姜片·········· 10克

### 做法o

1. 将秋刀鱼处理后洗净，加入所有腌料腌约5分钟备用。
2. 将秋刀鱼放入已预热的烤箱中，以250 ℃烤约15分钟，搭配柠檬片食用即可。

## Tips.料理小秘诀

如果喜欢口味再重一点，可以在烤到一半的时候，在鱼的表面刷上一点酱油膏，再继续烤熟，不但入味，颜色也会非常漂亮。

---

# 柠香烤鱼

### 材料o

四破鱼·········· 2条
（约400克）
柠檬（取汁）1/2个

### 调味料o

香油·········· 1小匙
盐·········· 1大匙
米酒·········· 1大匙

### 做法o

1. 将四破鱼处理后洗净，以厨房纸巾擦干水分，再将调味料均匀地涂抹在鱼身上。
2. 将四破鱼放入烤箱中，以200 ℃烤约10分钟即可。
3. 将烤好的四破鱼取出，淋上新鲜的柠檬汁即可。

## Tips.料理小秘诀

做烤鱼想要省钱又美味，不妨选择当季盛产的鱼类，不仅便宜而且好吃，或者选择人工养殖的鱼类，它们的价格比进口鱼低。

# 麻辣烤鱼

材料o

香鱼…………… 2条
（约400克）
芹菜………… 50克
蒜末………… 20克
姜末…………10克
香菜末 ………… 5克
水 ………… 100毫升

调味料o

辣豆瓣酱…… 2大匙
辣椒粉…… 1/2小匙
花椒粉…… 1/2小匙
米酒………… 1大匙
白砂糖…… 1/2小匙

做法o

1. 将香鱼处理后后洗净，放置烤碗中；芹菜洗净，切成长约4厘米的段。
2. 热锅，加入2大匙色拉油，以小火炒香蒜末、姜末及辣豆瓣酱。
3. 续加入香菜末、辣椒粉及花椒粉炒匀，再加入水、米酒及白砂糖。
4. 煮滚后加入芹菜段，淋至香鱼上。烤箱预热至250 ℃，将香鱼放入烤箱，烤约15分钟至熟即可。

# 味噌酱烤鳕鱼

材料o

鳕鱼片 ………… 2片
（约300克）
柠檬………… 2瓣

调味料o

A.味酥 ……… 2大匙
白味噌… 1/2大匙
B.七味粉……… 适量

做法o

1. 将鳕鱼片洗净，加入调味料A腌约10分钟备用。
2. 烤盘铺上铝箔纸，并在表面涂上少许色拉油，放上鳕鱼片。
3. 烤箱预热至150 ℃，放入鳕鱼，烤约10分钟至熟。
4. 取出鳕鱼，挤上柠檬汁，再撒上适量的七味粉即可。

## Tips. 料理小秘诀

没有覆盖铝箔纸烤出来的鳕鱼表面会比较酥脆，如果利用铝箔纸包起来或盖起来烤，鱼肉的水分蒸不出去，会产生一种蒸烤的效果，使鱼肉表面比较湿润，别有一番风味，喜欢这种口感的人不妨试一试。

鱼类料理篇

# 烤奶油鳕鱼

## 材料o

鳕鱼·······························1片
（约250克）
蒜仁·······························2粒
红辣椒·····························1个
洋葱·······························1/2个
姜·····························5克

## 调味料o

奶油····························· 1大匙
香油····························· 1小匙
白胡椒粉··························少许
盐 ·······························少许
米酒····························1大匙

## 做法o

1. 鳕鱼片洗净，吸干水分后放置烤盘上。
2. 蒜仁、红辣椒、洋葱和姜洗净沥干，切丝备用。
3. 将做法2的材料混合拌匀，与所有调味料一起铺在鳕鱼上，再放入已预热的烤箱中，以上火190℃、下火190℃烤约15分钟即可。

## Tips.料理小秘诀

如果鳕鱼表面的水分没有完全吸干，放入烤箱烤时，奶油就无法完全渗入鱼肉之中。

# 烤韩式辣味鱼肚

材料o

虱目鱼肚………1片
巴西里末…… 适量
熟白芝麻……适量

腌料o

韩式辣椒粉··1大匙
米酒…………2大匙
鱼露………1/2大匙
七味粉……1/4小匙

做法o

1. 将所有腌料混合均匀做成韩式辣味腌酱，备用。
2. 虱目鱼肚剔除细刺后洗净。
3. 将虱目鱼肚加入韩式辣味腌酱后，稍腌一下备用。
4. 将虱目鱼肚放入已预热的烤箱中，以150℃烤约10分钟。
5. 取出虱目鱼肚，撒上熟白芝麻及巴西里末即可。

# 韩式辣味烤鲷鱼

材料o

鲷鱼片……300克
韩式泡菜……50克
（带汁）
芦笋……………4根

做法o

1. 将韩式泡菜汁倒出，挤出汤汁后，将鲷鱼片洗净放入泡菜汁中拌匀，腌约3分钟备用。
2. 将芦笋削除底部粗皮，洗净备用。
3. 烤箱预热至180℃，放入鲷鱼片、韩式泡菜及芦笋，烤约8分钟至熟。
4. 取出做法3的材料，在盘中先铺上芦笋，再摆上鲷鱼片及韩式泡菜即可。

鱼类料理篇

# 焗三文鱼

<u>材料o</u>

三文鱼 ························· 1片
（约300克）
鲜奶 ························· 50毫升
盐 ····························· 1小匙
白酒 ··························· 1大匙
巴西里碎 ······················ 1大匙
奶酪丝 ·························· 适量

<u>调味料o</u>

奶油白酱 ······················· 3大匙

<u>做法o</u>

1. 三文鱼洗净，先用鲜奶、盐和白酒腌约30分钟，再取出放入锅中煎至半熟后，盛入容器中。
2. 接着淋上奶油白酱和巴西里碎，再铺上少许奶酪丝，放入已预热的烤箱中，以上火250℃、下火100℃烤5~10分钟，至外观略上色即可。

● 奶油白酱 ●

材料：

黄油100克、低筋面粉90克、凉开水400毫升、动物性鲜奶油400克、盐7克、白砂糖7克、奶酪粉20克

做法：

（1）黄油以小火煮至溶化，再倒入低筋面粉炒至糊化，接着再慢慢倒入凉开水把面糊煮开。
（2）最后加入动物性鲜奶油、盐、白砂糖和奶酪粉拌匀即可。

备注：

也可加入少量的乳酪或奶酪丝，可增添白酱的风味和口感。

# 柠汁西柚焗鲷鱼

**材料o**

鲷鱼片 …… 200克
奶酪丝 ……… 50克
红甜椒末 …… 少许

**调味料o**

柠檬汁 …… 10毫升
西柚汁 …… 20毫升
面粉 ……… 1/2大匙

**做法o**

1. 柠檬汁、西柚汁、面粉拌匀成面糊，将洗净的鲷鱼片放入其中沾裹均匀。
2. 热油锅，将鲷鱼片放入油锅内，以小火煎熟后起锅，装入烤盘中，放上奶酪丝。
3. 将鲷鱼放入烤箱中，以上火250℃、下火150℃烤约2分钟至表面呈金黄色。
4. 最后撒上少许红甜椒末装饰即可。

# 沙拉鲈鱼

**材料o**

金目鲈 ………… 1条
（约300克）
洋葱 ……… 1/2个
香菜根 ……… 3根
姜末 ……… 20克
蒜仁 ……… 3粒
芹菜叶 ……… 20克
胡萝卜丝 …… 20克
葱 ………… 1根
美乃滋 ……… 1大匙

**调味料o**

盐 ………… 1小匙
米酒 ……… 1小匙
蚝油 ……… 1.5小匙
白砂糖 …… 1/2小匙
白胡椒粉 … 1/2小匙

**做法o**

1. 将金目鲈处理后洗净，斜刀切成4段。洋葱切丝、葱切段、香菜根切段。
2. 取一容器，放入洋葱、香菜根、姜末、蒜仁、芹菜叶和胡萝卜丝，加入调味料后用手抓匀。
3. 将金目鲈和做法2的材料混合拌匀，腌约2小时。
4. 取一烤盘，放上葱段铺底，再将腌好的鲈鱼摆上，把烤盘放入预热至180℃的烤箱中，烤约15分钟后取出，食用时蘸美乃滋即可。

鱼类料理篇

# 三文鱼奶酪卷

**材料o**
三文鱼300克、奶酪片2片、上海青3棵

**腌料o**
米酒1大匙、盐1/2小匙、胡椒粉1/2小匙、淀粉1小匙

**做法o**

1. 将三文鱼洗净，切成12片，用所有腌料腌10分钟至入味备用。
2. 上海青洗净，取大片菜叶用盐水泡软备用。
3. 奶酪片切成12小片，取2片三文鱼片在其中夹入2小片奶酪片，再用上海青叶包卷起来，封口朝下，重复此做法至材料用完。
4. 烤箱预热至220℃，将做法3的材料放在抹有色拉油的铝箔纸上包起来，入烤箱烤约10分钟后，取出盛盘，并淋上流出的奶酪汁即可。

> **Tips.料理小秘诀**
>
> 三文鱼易熟，使用前一定要先用调味料腌过，再用上海青叶包卷起来。由于上海青容易变色，入烤箱前一定要将上海青叶泡盐水（盐与水的比例为1:10），一方面是为了让菜叶变软便于包卷，另一方面是防止其变色。而铝箔纸抗油，能避免菜叶粘在铝箔纸上。

# 培根鱼卷

**材料o**
培根…………… 6片
（约180克）
鮸鱼肚档……100克
葱段…………适量
红甜椒………适量
黄甜椒………适量

**腌料o**
盐 ……………少许
米酒…………1小匙
白胡椒粉………少许

**做法o**

1. 鮸鱼肚档洗净切条，加入所有腌料腌约5分钟；红甜椒、黄甜椒洗净切条，备用。
2. 取培根将鱼条、红甜椒条、黄甜椒条、葱段卷起来，用牙签固定备用。
3. 将培根鱼卷放入已预热的烤箱中，以220℃烤约10分钟即可。

# 中式凉拌鱼片

## 材料o

A. 鲷鱼肉……120克
B. 蛋清…………1个
   淀粉…………适量
   小黄瓜………1条
   姜片…………2片
   嫩姜丝………5克
   开水……10毫升

## 调味料o

沙茶酱………20克
酱油…………10毫升
白砂糖…………5克
白醋…………5毫升
香油…………5毫升

## 做法o

1. 鲷鱼肉洗净切片，用蛋清抓拌至有黏性后，均匀裹上淀粉，静置约5分钟备用。
2. 小黄瓜洗净、切成薄片，摆盘备用。
3. 取锅，加适量水煮至滚沸，放入姜片煮至再度滚沸。
4. 于锅中放入鲷鱼片，用锅铲轻轻拨动，使鱼片分开，鱼片烫熟后捞出摆于做法2的盘上。
5. 取1碗，加入开水和所有调味料混合，再均匀淋于鲷鱼片上，最后摆上嫩姜丝即可。

鱼类料理篇

# 醋熘草鱼块

**材料o**

草鱼块…………1块
（约300克）
葱……………… 2根
姜……………… 30克
水………100毫升

**调味料o**

A.米酒………2大匙
香醋……100毫升
酱油………1大匙
白砂糖……2大匙
白胡椒粉1/4小匙
B.水淀粉……1大匙
香油………1大匙

**Tips. 料理小秘诀**

煮鱼块时，可先在水中放入葱和姜去腥。有时选用的鱼块较大、肉较厚，若用大火煮容易造成外表的鱼肉过老，内部的鱼肉却未熟的情形产生。因此以小火让煮鱼的水保持微滚最佳。

**做法o**

1. 将草鱼块洗净，在鱼肉上划斜刀；取20克姜洗净拍裂，剩余的10克姜洗净切末备用；葱洗净切丝（如图1）。
2. 取炒锅，加入适量水（材料外，水的高度以可淹过鱼肉为准），将水煮滚后加入米酒、葱和20克姜（如图2）。
3. 续放入草鱼块（如图3），水滚后转至小火，煮约8分钟至熟后捞起草鱼块，沥干装盘（如图4）。
4. 热锅，倒入少许油，放入姜末、水和其余调味料A混合拌匀，煮滚后用水淀粉勾芡（如图5），再洒入香油，最后将酱汁淋至草鱼块上，撒上葱丝即可（如图6）。

# 五味鱼片

## 材料o

鲷鱼片…………5片
（约400克）
姜片…………适量
葱段…………适量
米酒…………适量

## 调味料o

五味酱…………适量

## 做法o

1. 鲷鱼片洗净，切厚片备用。
2. 取锅烧水，加入姜片、葱段煮沸后，加入米酒、鲷鱼片煮至沸腾，熄火盖上锅盖闷约2分钟。
3. 捞出鲷鱼片沥干盛盘，淋上适量的五味酱即可。

### ● 五味酱 ●

材料：

蒜末10克、姜末10克、葱末10克、红辣椒末10克、香菜末10克、乌醋1大匙、白醋1大匙、白砂糖2大匙、酱油2大匙、酱油膏1大匙、番茄酱2大匙

做法：

取一容器，将全部材料搅拌均匀即可。

# 蒜泥鱼片

材料o

蒜仁............ 30克
草鱼肉 ............1块
（约200克）
绿豆芽 ........100克
葱 .................. 2根
姜 ................10克

调味料o

A.盐......... 1/6小匙
白胡椒粉1/6小匙
淀粉 ........ 1小匙
米酒 ........ 1小匙
B.酱油 .........3大匙
白砂糖... 1/2小匙
香油 ........ 1小匙

做法o

1. 草鱼肉洗净，以厨房纸巾擦干水
   分，切成约1厘米厚的片，以调味料
   A拌匀备用。
2. 葱、姜、蒜仁均洗净、切末，与调
   味料B混合成蘸酱备用。
3. 取锅烧水，水开时先放入洗净的绿豆
   芽，烫约20秒钟后捞起装盘，待水再
   滚时放入鱼片，烫约30秒钟即捞起，
   铺在绿豆芽上，最后淋上蘸酱即可。

鱼类
料
理
篇

# 蒜椒鱼片

材料o

鳕鱼肉·········180克
蒜仁··········60克
红辣椒·········2个

调味料o

A. 淀粉·········1小匙
　料酒·········1小匙
　蛋清·········1大匙
B. 盐·········1/2小匙
　鸡精·········1/2小匙

做法o

1. 将鳕鱼肉洗净后切成厚约0.5厘米的片，再以调味料A抓匀，备用。
2. 蒜仁、红辣椒洗净切末，备用。
3. 将鳕鱼片放入滚水中汆烫约1分钟至熟，即装盘备用。
4. 热锅，加入2大匙色拉油，放入蒜末、红辣椒末及盐、鸡精，以小火炒约1分钟至有香味后即可起锅。
5. 把做法4的材料淋在鱼片上即可。

# 红油鱼片

材料o

鲷鱼肉200克、绿豆芽30克、葱末5克

调味料o

酱油2小匙、蚝油1小匙、白醋1小匙、白砂糖1.5小匙、红油2大匙、凉开水2小匙

做法o

1. 鲷鱼片洗净切花片备用。
2. 所有调味料放入碗中，拌匀成酱汁备用。
3. 锅中倒入适量水烧开，放入绿豆芽汆烫约5秒，捞出沥干后盛入盘中备用。
4. 续将鲷鱼片放入滚水锅中，汆烫至再次滚沸，熄火浸泡约3分钟，捞出沥干后放在绿豆芽上，最后淋上酱汁并撒上葱末即可。

Tips. 料理小秘诀

　　新鲜的薄片鱼肉只需要稍微汆烫一下，就是最好的料理方式，既快速又能完美表现出鱼肉的鲜甜滋味。搭配上口味重且较为浓稠的酱汁，能紧紧包裹在鱼片的表面，外香滑内鲜甜的绝佳鱼料理，5分钟就能上桌。

# 西红柿鱼片

材料o

大西红柿………1个　　　茄汁酱………适量
鲷鱼肉……250克

做法o

1. 将鲷鱼片洗净切块，再放入滚水中氽烫，过水备用。
2. 将大西红柿洗净去蒂，切小块。
3. 将做法1、做法2的所有材料混匀，再淋入茄汁酱拌匀即可。

● 茄汁酱 ●

材料：

新鲜罗勒2根、香菜2根、红辣椒1/3个、盐少许、黑胡椒粉少许、白砂糖少许、番茄酱3大匙

做法：

（1）罗勒洗净切丝；香菜洗净切碎；红辣椒洗净切丝备用。
（2）将做法1的材料和其余材料混合均匀。

# 金枪鱼拌小黄瓜片

材料o

金枪鱼罐头………1罐
（约200克）
小黄瓜…………1根
（约100克）
姜丝…………10克
洋葱丝………20克

调味料o

白醋………20毫升
白砂糖………5克
盐…………适量
白胡椒粉……适量

做法o

1. 取出金枪鱼去油切碎；小黄瓜洗净切片备用。
2. 小黄瓜片、姜丝及洋葱丝分别用盐抓匀、挤干水分摆盘。
3. 取一调理盆，放入所有调味料搅拌均匀，再加入金枪鱼碎混匀，盛入做法2的盘中即可。

鱼类料理篇

# 芒果三文鱼沙拉

### 材料o

芒果……………1个
（约300克）
三文鱼罐头……1罐
（约200克）
小黄瓜…………1条
（约100克）
莴苣……………1/3根
小西红柿………2个

### 调味料o

千岛沙拉酱…50克

### 做法o

1. 将小黄瓜洗净，先切成长条后再切丁备用。

2. 芒果洗净切丁；莴苣洗净切细条；小西红柿洗净，对切摆盘，备用。

3. 取一调理盆，放入三文鱼、芒果丁、小黄瓜丁和莴苣条，再加入千岛沙拉酱，一起搅拌均匀再盛起放于做法2的盘内即可。

### Tips. 料理小秘诀

三文鱼罐头已经调过味，所以有一定的咸度，不需要另外加盐，以免吃起来太咸。三文鱼罐头虽然料理方便，但一旦打开后就很容易干掉，若是没食用完，记得将鱼肉倒出装好再放进冰箱。千万不要直接将罐头连鱼肉一起放入，以免变质。

# 莳萝三文鱼沙拉

材料o

三文鱼 ……… 200克
新鲜莳萝…… 20克

腌料o

新鲜莳萝末·· 1小匙
蒜片………… 适量
海盐……… 1/2小匙
柠檬汁 ……… 1大匙
橄榄油 ……… 1大匙

做法o

1. 将所有腌料拌匀成莳萝柠檬腌酱，备用。
2. 三文鱼去皮去骨，洗净后切片。
3. 将三文鱼片加入莳萝柠檬腌酱拌匀，放入冰箱冷藏，腌约2小时。
4. 取出三文鱼片盛盘，再加上新鲜莳萝即可。

Tips.**料理小秘诀**

　　因为莳萝的味道非常浓郁，加太多会盖过其他食材的风味，所以在添加时要斟酌。此外，这道菜的三文鱼要生食，因此要买当日新鲜或是生食专用的三文鱼。

鱼类料理篇

# 尼可西糖醋鱼条

## 材料o

A.鳕鱼条·····················120克
B.淀粉······················· 20克
　鸡蛋·······················1个
　盐·························适量
　白胡椒粉···················适量
　洋葱丝·····················适量
　柠檬片·····················2片
　辣椒粉·····················少许
　巴西里末···················少许
　开水······················100毫升

## 调味料o

白醋······················· 250毫升
白砂糖····················· 120克

## 做法o

1. 在洗净的鳕鱼条表面撒上少许盐、白胡椒粉后，依序均匀裹上鸡蛋液、淀粉；鸡蛋打散成蛋液。

2. 热锅，倒入适量油烧热，放入鳕鱼条以中火炸至表面呈金黄色，捞起、沥油备用。

3. 另热锅，放入适量油烧热，放入洋葱丝略炒爆香即起锅备用。

4. 取一调理盆，先加入洋葱丝、开水及所有调味料搅拌均匀，再放入鳕鱼条混匀，冷藏腌渍约1天后取出、盛盘；最后加上柠檬片、少许巴西里末及少许辣椒粉装饰即可。

Tips. **料理小秘诀**

　　鳕鱼肉质较软，炸的时候不要太用力翻动鳕鱼条，也不要一直翻动，以免鱼肉还未定型就先散开。另外，炸鱼时建议不要用大火，以免造成加热过快，鱼条的表皮先焦而内部鱼肉还未熟的情况。

# 醋渍鲭鱼沙拉

材料O
鲭鱼肉 ······· 300克

腌料O
蒜片 ············· 适量
海盐 ··········· 1小匙
白酒醋 ······· 2大匙
橄榄油 ········ 1大匙
柠檬片 ········· 8片
洋葱片 ········· 2片
月桂叶 ········· 2片
黑胡椒粒 ··· 1/4小匙

做法O
1. 将所有的腌料拌匀成白酒醋渍腌酱备用。
2. 鲭鱼肉洗净后去骨，切小片备用。
3. 将水煮沸后，淋在鲭鱼片上，略烫至鲭鱼片
   表面约1分熟，取出鲭鱼片沥干。
4. 将鲭鱼片浸泡在白酒醋渍腌酱中，放入冰箱
   冷藏腌约3小时后，取出盛盘即可。

# 鳗鱼豆芽沙拉

材料O
鳗鱼罐头 ·········1罐
（约200克）
绿豆芽 ·······150克
生菜丝 ········· 30克
小黄瓜 ············1条
（约100克）
红辣椒丝 ······少许

调味料O
橄榄油 ······50毫升
白胡椒粉 ······适量
盐 ··············适量

做法O
1. 取一盘，将生菜丝均匀铺于盘底备用。
2. 取一碗，放入所有调味料拌匀成酱汁备用。
3. 小黄瓜洗净切片，泡在冰开水中使其清脆，
   捞起排在生菜丝周围作装饰，备用。
4. 绿豆芽用滚水汆烫熟后，以凉开水冲凉、捞
   起沥干水分，放于做法3的盘上，再放上鳗
   鱼及少许生菜丝、红辣椒丝装饰，最后淋上
   酱汁即可。

鱼类料理篇

# 印尼鲷鱼沙拉

## 材料o

鲷鱼肉 ········ 200克
洋葱丝 ·········10克
红辣椒丝········10克
巴西里碎········ 5克
淀粉·········· 10克
盐 ···········少许
白胡椒粉·······少许

## 调味料o

番茄酱 ········100克
柠檬汁 ········· 30克
辣椒粉 ·········· 5克
白砂糖 ··········少许
盐 ···········适量
白胡椒粉·······适量

## 做法o

1. 取一盘，将洋葱丝、红辣椒丝排盘备用。
2. 取一碗，将所有调味料拌匀成淋酱备用。
3. 鲷鱼肉洗净切片，在表面均匀撒上材料中的白胡椒粉、盐略调味，再依序裹上淀粉备用。
4. 热锅，倒入适量油，再放入鲷鱼片以中火炸至熟，捞起盛入做法1的盘内备用。
5. 将淋酱淋在鲷鱼片上，最后撒上巴西里碎作装饰即可。

# 腌渍鲷鱼拌生菜

### 材料o

鲷鱼肉 ·············· 200克
黄卷须生菜 ········120克
洋葱丝 ·············· 适量
巴西里碎············· 5克

### 调味料o

柠檬汁 ·······20毫升
白酒醋 ·······30毫升
橄榄油 ····120毫升
盐 ·················· 适量
七彩胡椒粉 ····适量

### 做法o

1. 鲷鱼肉洗净、切薄片,于表面撒点盐抹匀,再放入冰箱冷藏腌渍约3小时备用。
2. 取出鲷鱼片,将柠檬汁、白酒醋及橄榄油均匀涂抹于鱼表面。
3. 取一调理盆,放入黄卷须生菜、洋葱丝、巴西里碎及七彩胡椒粉混合拌匀,再加入腌渍好的鲷鱼肉片,拌至入味后盛盘即可。

鱼类料理篇

# 意式金枪鱼四季豆沙拉

### 材料o

金枪鱼罐头 ····················1罐
（约200克）
四季豆 ······················ 50克
小西红柿 ····················20克
土豆 ······················· 40克

### 调味料o

橄榄油 ····················120毫升
盐 ·························· 适量
白胡椒粉 ····················· 适量

### 做法o

1. 小西红柿洗净后，对切2等份备用。
2. 四季豆择洗干净，放入加了少许盐的滚水中煮至熟，取出以凉开水冲凉、捞起切段备用。
3. 土豆去皮洗净，放入加了少许盐的滚水中煮至熟，捞起放凉，再切成不规则的小块备用。
4. 取一调理盆，将四季豆段、小西红柿、土豆块、橄榄油、盐及白胡椒粉放入，拌匀后盛盘。
5. 金枪鱼从罐中取出，沥去水分，用手撕成细丝状，均匀撒在做法4的材料上即可。

备注：做法2、做法3煮食材的盐及水皆为材料外。

# 金枪鱼柳橙盅

## 材料o

柳橙······················1个
（约250克）
金枪鱼肉············· 20克
芦笋····················· 2根
巴西里 ··············· 适量

## 调味料o

洋葱末 ·············· 30克
美乃滋 ·············· 50克
盐 ························· 适量
白胡椒粉············· 适量

## 做法o

1. 柳橙洗净、挖出果肉，将果肉切小丁（柳橙盅保留）；取小部分巴西里洗净后切末，备用。
2. 芦笋用滚水氽烫至熟后捞出；巴西里洗净后排入盘中装饰。
3. 金枪鱼肉去油后切碎，与所有调味料及柳橙果肉丁混合均匀备用。
4. 取适量做法3的材料填入柳橙盅内，摆入芦笋，再放入做法2的盘中，撒上巴西里末即可。

鱼类
料
理
篇

# 洋葱拌金枪鱼

### 材料o

金枪鱼罐头 ······1罐
（约200克）
洋葱··············1个
（约200克）
葱花·········· 1大匙

### 调味料o

柳橙原汁····60毫升
米醋·········60毫升
酱油·········60毫升
味醂·········20毫升

### 做法o

1. 洋葱洗净去外皮薄膜后切细丝，再加入所有调味料拌匀，备用。
2. 金枪鱼罐头开罐后倒出、滤油，将金枪鱼肉弄散备用。
3. 将洋葱丝夹出摆入盘中，接着把金枪鱼肉铺在洋葱丝上，淋上做法1剩余的酱汁，最后撒上葱花即可。

### Tips.料理小秘诀

洋葱的辛辣味可以中和金枪鱼的腥味，还可以增加脆脆的口感。如果不喜欢吃起来有太呛的味道，也可以将洋葱放进纱袋中以清水揉洗，如此就可以洗去大部分的辛辣味。

# 葱油鱼皮

材料o

| | |
|---|---|
| 鱼皮………… 300克 | |
| 葱 ………………1根 | |
| 胡萝卜 ………60克 | |

调味料o

| | |
|---|---|
| 盐 …………… 1小匙 | |
| 白砂糖 …… 1/4小匙 | |
| 鸡精………… 1/4小匙 | |
| 白胡椒粉… 1/4小匙 | |

做法o

1. 煮一锅滚沸的水，放入鱼皮氽烫一下，捞起洗净过冷水待凉，切丝备用。
2. 胡萝卜洗净，去皮切丝；葱洗净切末，放入大碗中，备用。
3. 待做法1锅中的水再次煮至滚沸时，放入胡萝卜丝氽烫至熟，捞起过冷水待凉，备用。
4. 热锅，放入色拉油烧热，冲入葱末中，再加入所有调味料拌匀成酱汁。
5. 将鱼皮丝、胡萝卜丝和酱汁一起拌匀即可。

# 沙拉鱼卵

材料o

| | |
|---|---|
| 熟鱼卵 ………100克 | |
| 包心菜 ………50克 | |
| 小黄瓜片……适量 | |

调味料o

| | |
|---|---|
| 沙拉酱 ……… 1小包 | |

做法o

1. 热油锅(油量要能盖过鱼卵)，当油温烧热至约120℃时，放入熟鱼卵以小火慢炸，炸约3分钟至表皮略呈金黄色后，取出放凉。
2. 包心菜洗净后切成细丝，装盘垫底。
3. 把鱼卵切成厚约0.4厘米的薄片，铺于包心菜丝上，最后挤上沙拉酱，摆上小黄瓜片装饰即可。

Tips. **料理小秘诀**

鱼卵脆脆的口感受到许多人喜爱，但是鱼卵因为较脆弱不好处理，所以在炸鱼卵时要特别注意，油温一定要够热，以免鱼卵一下锅就粘锅。而且炸鱼卵的时候一定要用小火慢炸，以免表面烧焦。

鱼类料理篇

# 头足类料理 篇

　　最常食用的头足类海鲜盛产期多在春、秋两季。头足类海鲜的料理也不胜枚举，如热炒店的招牌菜三杯墨鱼、逛夜市一定会吃的烤墨鱼仔、泰式料理中的凉拌海鲜等，每一道都少不了这类头足类海鲜的踪迹。

　　虽然这类海鲜相当普遍美味，但也相对不那么好料理，因为市面上买回来的墨鱼仔、鱿鱼大部分都要自己处理内脏，而且一不小心就会煮得太老、过度卷曲等。以下这篇要教你头足类海鲜的料理法，跟着大厨一起做，变化出各式美味的料理吧！

## 尝鲜保存 小妙招

建议先将鱿鱼、墨鱼这一类的头与身体分离，再将内脏取出，洗净拭干后，依照料理需求切片或整条放入冰箱冷藏。对于墨鱼仔、小章鱼这类不方便处理的，可以先烫熟再沥干放入冰箱冷藏，都可以延长保存期限。

## 头足类新鲜 判断法

### Step1

第一步先看身体是否透明，且新鲜状态下应该呈现自然光泽，触须无断落，表皮完整；如果变成灰暗的颜色，表皮无光泽就是不新鲜了，千万不要选。

### Step2

接下来摸一下表面是否光滑，轻轻按压会有弹性，如果失去弹性且表皮粘黏，这种软管类海鲜就已经失去新鲜度了。

# 干鱿鱼处理步骤

**步骤 1**

取一盆水，将干鱿鱼浸入水中，水量要盖过鱿鱼。

**步骤 2**

加入1匙盐，可使鱿鱼口感比较脆。

**步骤 3**

用手将盐拌匀，并使鱿鱼全部浸泡在盐水中，静置约8小时待发。

**步骤 4**

取出鱿鱼，放在另一盆中，用流动的自来水泡约60分钟，泡发后用剪刀将鱿鱼头部剪开。

**步骤 5**

顺着鱿鱼的背部剥除中间的硬刺。

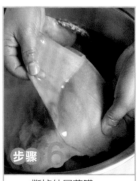

**步骤 6**

撕掉外层薄膜。

到市场去逛，总是会看到许多墨鱼、墨鱼这类软管类海鲜一个个整齐地摆放在摊子上，等着爱吃海鲜的老饕们来把它们选回家料理。但要做出一道好吃的料理，最重要的就是食材要新鲜，而要挑选新鲜的软管类海鲜，也是很有学问的。

# 墨鱼处理步骤

　　墨鱼身体瘦长、尾巴尖，吃起来带有甜味，以海域附近现捞的最为新鲜好吃。买回来如果不马上吃，记得要放在冰箱冷冻，等到要烹调时再取出切割即可。另外，烹调时记得要以大火方式快炒，才能保留其中的水分，吃起来味道鲜又甜。

1 一手抓住头部，将头从身体部位抽出。

2 将身体部分的透明软骨取出。

3 用剪刀将身体剪开，撕掉外层薄膜。

# 软丝处理步骤

　　软丝身体比较宽圆、肉质Q弹，带有甜味；现捞上岸可做成生鱼片，也适合用氽烫蘸酱或搭配蔬果快炒。烹煮软丝时，不管哪种料理方式都要尽量缩短时间，以免烹调过程让其丧失鲜汁水分，使肉质变得不脆！

1 一手抓住头部，将头从身体部位抽出。

2 取出体内的透明软骨。

3 用手撕开外层薄膜，再清洗干净。

# 鱿鱼处理步骤

　　鱿鱼肉质肥厚、鲜嫩脆滑。最常见的就是切成一段段的圆圈，做成家喻户晓的三杯鱿鱼，或者可以热炒、煮汤、氽烫蘸酱或沙拉，这几种做法都是品尝原味口感与鲜度的极佳选择，风味各有不同，但都能维持鱿鱼的新鲜原味，也是餐客在餐厅里必点的尝鲜圣品。

1 一手抓住头部，将头从身体部位抽出。

2 用尖刀切开眼睛部位，将眼睛取出。

3 用手撕开外层薄膜，再清洗干净。

# 台式炒墨鱼

**材料o**

墨鱼··········250克
芹菜··········150克
蒜末········1/2小匙
红辣椒片······少许

**调味料o**

A.盐···········1/2小匙
　白砂糖······1/4小匙
　香油········1/2小匙
　白胡椒粉··1/8小匙
B.水淀粉·········1小匙

**做法o**

1. 墨鱼清理干净切块；芹菜去叶片洗净切段，备用。
2. 将墨鱼汆烫后，以冷水洗净备用。
3. 热锅，倒入适量油烧热，加入蒜末和红辣椒片爆香，再加入芹菜段、墨鱼块，以小火炒2分钟，加入调味料A略炒，以水淀粉勾芡即可。

# 豆瓣酱炒墨鱼

### 材料o
墨鱼………… 300克
姜片…………… 适量
蒜片…………… 适量
红辣椒片……… 少许
大葱段………… 适量

### 调味料o
豆瓣酱 ……… 2大匙
香油 ……… 1小匙
盐 …………… 适量
白胡椒粉……… 适量

### 做法o
1. 墨鱼去头，将墨鱼身洗净后，先切花后再切片备用。
2. 煮一锅约100℃的热水，将墨鱼片放入略汆烫，捞起备用。
3. 取锅，加入少许油烧热，放入姜片、蒜片、红辣椒片和大葱段爆香，加入墨鱼片和所有调味料翻炒均匀即可。

### Tips. 料理小秘诀
　　加入一些豆瓣酱拌炒，可盖过墨鱼的腥味。

# 西芹炒墨鱼

### 材料o
西芹片 ……… 60克
墨鱼………… 300克
红甜椒片…… 20克
黄甜椒片…… 20克
葱段………… 适量
蒜片………… 适量

### 调味料o
鱼露……… 1大匙
白砂糖……… 1小匙
米酒………… 1大匙
香油………… 1小匙

### 做法o
1. 墨鱼洗净切花，再切小块，放入滚水中汆烫，备用。
2. 热锅，加入适量色拉油，放入葱段、蒜片爆香，再加入西芹片、红甜椒片、黄甜椒片炒香，最后加入墨鱼块及所有调味料拌炒均匀即可。

头足类
料理篇

# 彩椒墨鱼圈

**材料o**

| | |
|---|---|
| 墨鱼圈 | 200克 |
| 青椒片 | 50克 |
| 黄甜椒片 | 50克 |
| 红甜椒片 | 50克 |
| 蒜片 | 10克 |
| 葱段 | 10克 |
| 水 | 少量 |

**调味料o**

| | |
|---|---|
| 盐 | 1/4小匙 |
| 鸡精 | 1/4小匙 |
| 米酒 | 1大匙 |

**做法o**

1. 热锅，加入2大匙油，放入蒜片、葱段爆香，再放入墨鱼圈拌炒。
2. 锅中放入青椒片、黄甜椒片、红甜椒片、水及所有调味料炒至均匀入味即可。

**Tips. 料理小秘诀**

墨鱼本身就很容易熟，所以要注意翻炒的时间，不要炒过久，否则会变得太过干涩，口感就不佳了！

# 蒜香豆豉墨鱼

**材料o**

| | |
|---|---|
| A.墨鱼 | 600克 |
| B.蒜片 | 少许 |
| 豆豉 | 10克 |
| 红辣椒段 | 少许 |
| 葱花 | 少许 |
| 姜片 | 少许 |

**面糊材料o**

| | |
|---|---|
| 鸡蛋 | 1个 |
| 玉米粉 | 20克 |
| 淀粉 | 20克 |

**调味料o**

| | |
|---|---|
| 盐 | 1/2小匙 |
| 鸡精 | 1/4小匙 |
| 白胡椒粉 | 1小匙 |

**做法o**

1. 墨鱼去内脏洗净，切条备用。
2. 面糊材料搅拌均匀成面糊。
3. 将墨鱼条沾裹面糊，放入油温为180℃的油锅中，以中火炸约2分钟至表面呈金黄色，捞起沥油备用。
4. 热锅，先爆香材料B，再加入所有调味料与炸好的墨鱼条，快速拌炒均匀即可。

# 四季豆墨鱼

材料o

| | |
|---|---|
| 墨鱼 | 150克 |
| 四季豆 | 50克 |
| 姜 | 10克 |
| 红辣椒 | 5克 |
| 胡萝卜 | 5克 |
| 水 | 30毫升 |

调味料o

| | |
|---|---|
| 白砂糖 | 1/2小匙 |
| 鱼露 | 1大匙 |

做法o

1. 墨鱼去除内脏洗净，切条，放入沸水中汆烫至熟，捞起沥干备用。
2. 四季豆去除头尾与粗筋后洗净切小段；姜洗净切条；红辣椒洗净，去籽切条；胡萝卜洗净，去皮切条备用。
3. 热锅倒入适量油，放入做法2的材料炒香，加入水及所有调味料焖煮约2分钟。
4. 加入墨鱼条拌炒均匀即可。

## Tips. 料理小秘诀

为了避免墨鱼在加热的过程卷起来，变得与其他食材长条的形状不搭，在切的时候可以将墨鱼身体横着切条，不要顺着身体直切，否则一加热就会卷起来了。

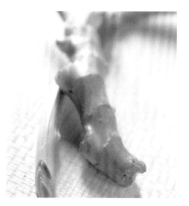

头足类

料理篇

# 炒三鲜

材料o

| | | 调味料o | |
|---|---|---|---|
| 鱿鱼 | 50克 | A.白砂糖 | 1小匙 |
| 墨鱼 | 50克 | 蚝油 | 1大匙 |
| 虾仁 | 50克 | 酱油 | 1小匙 |
| 小黄瓜 | 10克 | 米酒 | 1小匙 |
| 胡萝卜 | 5克 | 香油 | 1小匙 |
| 葱 | 1根 | 白胡椒粉 | 少许 |
| 姜 | 5克 | B.水淀粉 | 1小匙 |
| 水 | 30毫升 | | |

做法o

1. 鱿鱼、墨鱼洗净，在表面切花刀再切片，与虾仁分别放入沸水汆烫至熟，捞起沥干备用。
2. 胡萝卜洗净去皮切片、小黄瓜洗净切片，分别放入沸水中汆烫一下，捞起沥干备用。
3. 葱洗净切段；姜洗净切片，备用。
4. 热锅倒入适量油，放入做法3的材料爆香后，加入做法1、做法2所有材料，水及调味料A炒匀，再加入水淀粉勾芡即可。

# 椒麻双鲜

材料o

| | | 调味料o | |
|---|---|---|---|
| 鱿鱼 | 100克 | 辣豆瓣酱 | 2大匙 |
| 墨鱼 | 100克 | | |
| 葱 | 1根 | | |
| 姜 | 10克 | | |
| 蒜仁 | 3粒 | | |
| 花椒粒 | 少许 | | |

做法o

1. 鱿鱼、墨鱼洗净切兰花刀片，以沸水汆烫；葱洗净切花；姜洗净切末；蒜仁洗净拍碎切末，备用。
2. 取锅烧热后倒入适量油，放入葱花、姜末、蒜末与花椒粒炒香，再放入汆烫过的鱿鱼与墨鱼，加入辣豆瓣酱拌炒均匀即可。

# 宫保鱿鱼

### 材料o

干鱿鱼（泡发）····200克
干辣椒·················15克
姜·······················5克
葱·······················2根
蒜味花生仁···········50克
水·······················1大匙

### 调味料o

A.白醋········1小匙
　酱油········1大匙
　白砂糖······1小匙
　料酒········1小匙
　淀粉······1/2小匙
B.香油········1小匙

### 做法o

1. 将鱿鱼皮剥除后、切花刀片，放入滚水中氽烫约10秒即捞出沥干水分；姜洗净切丝；葱洗净切段，备用。
2. 将水和所有调味料A调匀即成兑汁，备用。
3. 热锅，加入2大匙色拉油，以小火爆香葱段、姜丝及干辣椒后，加入鱿鱼片，以大火快炒约5秒，再边炒边将做法2的兑汁淋入，拌炒均匀入味，最后加入蒜味花生仁、洒上香油即可。

头足类

料理篇

# 生炒鱿鱼

## 材料o

| | |
|---|---|
| 干鱿鱼（泡发） | 300克 |
| 桶笋 | 80克 |
| 红辣椒 | 1个 |
| 葱 | 2根 |
| 猪油 | 2大匙 |
| 蒜末 | 10克 |
| 姜末 | 10克 |
| 热水 | 300毫升 |
| 地瓜粉水 | 适量 |

## 调味料o

| | |
|---|---|
| 米酒 | 1大匙 |
| 盐 | 1/3小匙 |
| 鸡精 | 1/2小匙 |
| 白砂糖 | 1小匙 |
| 沙茶酱 | 1小匙 |

## Tips. 料理小秘诀

新鲜的鱿鱼在平放时，身体会稍微弓起、表皮完整及色泽亮；不新鲜的鱿鱼身体没有弹性，放着会软趴趴、表皮有脱皮、缺乏光泽。

## 做法o

1. 将处理好的鱿鱼洗净切片；桶笋、红辣椒洗净切片；葱洗净切段备用（如图1）。
2. 取锅烧热后加入猪油，再放入葱段、蒜末、姜末爆香（如图2）。
3. 加入鱿鱼片、桶笋片、红辣椒片略炒数下（如图3）。
4. 倒入热水与米酒，一同拌炒至汤汁略滚（如图4）。
5. 加入盐、鸡精、白砂糖、沙茶酱炒至汤汁滚沸时，以地瓜粉水勾芡即可（如图5）。

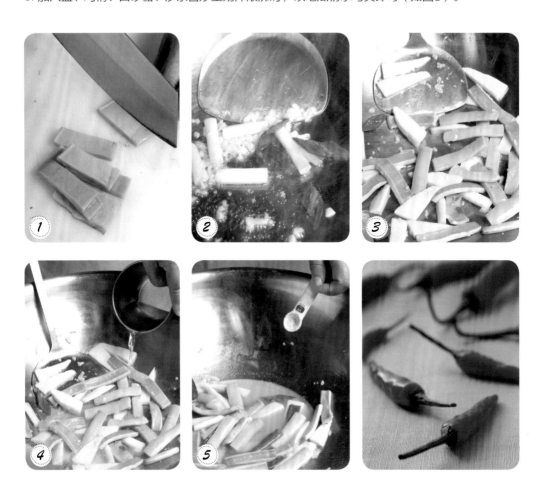

# 沙茶炒鱿鱼

### 材料o

| | |
|---|---|
| 干鱿鱼（泡发）············ | 200克 |
| 小黄瓜················· | 50克 |
| 葱····················· | 1根 |
| 蒜仁·················· | 3粒 |
| 红辣椒················ | 1/2个 |
| 水····················· | 1大匙 |

### 调味料o

| | |
|---|---|
| 沙茶酱················ | 1大匙 |
| 白砂糖················ | 1小匙 |
| 酱油膏················ | 1小匙 |
| 白胡椒粉············· | 少许 |

### 做法o

1. 鱿鱼表面切花刀再切小片，放入沸水中汆烫至熟；小黄瓜洗净切块，备用。
2. 葱洗净切小段；蒜仁洗净切末；红辣椒洗净切片，备用。
3. 热锅倒入适量油，放入做法2的材料爆香，再加入鱿鱼片、小黄瓜块、水及所有调味料拌炒均匀即可。

### Tips.**料理小秘诀**

若不想花太多时间在泡发鱿鱼上，也可以购买新鲜鱿鱼，或者是在泡发鱿鱼的水中加入少许碱粉，但用量不宜过多，以免碱味太重。

# 蒜苗炒鱿鱼

材料○

干鱿鱼 ·········150克
蒜苗············ 30克
红辣椒·········10克
蒜末············15克

调味料○

盐 ·········· 1/4小匙
白砂糖 ·········少许
鸡精········· 1/4小匙
酱油··········· 1小匙
乌醋········· 1/4小匙

做法○

1. 干鱿鱼用水加少许盐（材料外）浸泡5小时，泡发备用。
2. 鱿鱼去薄膜，洗净切条；蒜苗洗净切段，分蒜白和蒜尾；红辣椒洗净切斜片备用。
3. 热锅，倒入2大匙油，放入蒜白、红辣椒片和蒜末爆香。
4. 加入鱿鱼条炒匀，加入所有调味料调味，最后加入蒜尾炒匀即可。

# 芹菜炒鱿鱼

材料○

干鱿鱼 ········150克
芹菜··········· 3根
韭菜··········· 50克
蒜仁··········· 2粒
红辣椒 ·········1/2个

调味料○

黄豆酱 ········ 1大匙
香油··········· 1小匙
盐 ·············适量
白胡椒粉·······适量

做法○

1. 将干鱿鱼在水中泡2小时，洗净后再用剪刀剪成小段备用。
2. 芹菜洗净切段；韭菜洗净切段；蒜仁和红辣椒洗净切片备用。
3. 取锅，加入少许油烧热，放入做法1、做法2的材料翻炒均匀，再加入调味料略翻炒即可。

## Tips.料理小秘诀

建议可购买干鱿鱼，回家后直接浸入冷水中泡发。因为水发好的鱿鱼无嚼劲，口感较软。

头足类

料理篇

# 椒盐鲜鱿鱼

**材料o**

A.鱿鱼……… 250克
　葱………… 2根
　蒜仁 ……… 20克
　红辣椒………1个
B.玉米粉……1/2杯
　吉士粉……1/2杯

**调味料o**

A.盐……… 1/4小匙
　白砂糖… 1/4小匙
　蛋黄…………1个
B.白胡椒盐1/4小匙

**做法o**

1. 把鱿鱼洗净、剪开后去薄膜，在鱿鱼内面交叉斜切花刀后，用厨房纸巾略为吸干水分。
2. 在鱿鱼中加入所有调味料A拌匀；将所有材料B混合成炸粉；葱、蒜仁及红辣椒皆洗净切末。
3. 将鱿鱼两面均匀沾裹上做法2调匀的炸粉。
4. 热油锅（油量要能盖过鱿鱼），烧热至油温约160℃时，放入鱿鱼以大火炸约1分钟至表皮呈金黄酥脆时，捞出沥干油。
5. 锅底留下少许色拉油，以小火爆香葱末、蒜末、红辣椒末，再加入鱿鱼与白胡椒盐以大火快速翻炒均匀即可。

# 酥炸鱿鱼头

**材料o**

鱿鱼头（含须）500克
蒜泥………………50克

**调味料o**

盐……………1大匙
白砂糖………1小匙

**炸粉o**

淀粉……………200克

**做法o**

1. 鱿鱼头洗净后沥干切成小条，加入蒜泥、盐及白砂糖拌匀冷藏腌渍2小时，备用。
2. 在腌渍好的鱿鱼头中加入淀粉拌匀成浓稠状，备用。
3. 热油锅，待油温烧热至约180℃时，将少量鱿鱼头放入，分多次以大火炸约5分钟至表皮金黄酥脆时，捞出沥干油即可。

**Tips. 料理小秘诀**

因鱿鱼头含水量比较高，若一次全部放入锅中油炸，会使油温下降太快，容易造成表面的面糊脱浆，而不容易炸得酥脆。

# 蔬菜鱿鱼

材料o

干鱿鱼（泡发）300克
西芹……………100克
玉米笋…………40克
黑木耳（泡发）··30克
胡萝卜…………30克
姜末……………5克
蒜末……………10克

调味料o

盐 ……………1/4小匙
鸡精…………… 少许
乌醋…………… 少许
白胡椒粉………… 少许
香油……………1/4小匙

做法o

1. 将鱿鱼剥去外层皮膜，
   洗净切小片。

2. 西芹洗净切条；玉米笋
   洗净切段；黑木耳洗净
   切片；胡萝卜洗净，削
   去外皮后切成小片备用。

3. 将做法2的蔬菜放入滚水
   中汆烫熟，再熄火放入
   鱿鱼略烫，捞出泡冰水
   沥干备用。

4. 取锅，加入1大匙油烧
   热，放入姜末、蒜末先
   爆香，再放入做法3的材
   料和所有调味料拌炒
   均匀。

5. 将做法4的材料盛盘，
   待凉后以保鲜膜封紧，
   放入冰箱中冷藏至冰凉
   即可。

备注：若不想吃冰的，这
　　　道菜也可以热食。

头足类

料理篇

# 泰式酸辣鱿鱼

**材料o**

鱿鱼200克、西红柿80克、青椒40克、洋葱60克、柠檬汁2大匙、蒜片20克、罗勒叶10克

**调味料o**

水100毫升、椰浆50毫升、泰式酸辣汤酱1大匙、白砂糖1小匙

**做法o**

1. 取鱿鱼洗净切花后切片；西红柿、青椒、洋葱洗净，切小块，备用。
2. 热炒锅，加入2大匙色拉油，以小火爆香蒜片、西红柿块、青椒块与洋葱块。
3. 加入水、酸辣汤酱、椰浆与白砂糖，煮开后续煮约1分钟，接着加入鱿鱼片，转中火煮滚后盖上锅盖。
4. 煮约2分钟后即可关火，接着放入罗勒叶、加入柠檬汁拌匀即可。

# 豉油皇炒墨鱼

**材料o**

| | |
|---|---|
| 墨鱼 | 250克 |
| 葱花 | 2大匙 |
| 蒜末 | 1小匙 |

**调味料o**

| | |
|---|---|
| 白砂糖 | 1小匙 |
| 酱油 | 1大匙 |
| 香油 | 1/2小匙 |
| 白胡椒粉 | 1/2小匙 |

**做法o**

1. 墨鱼清理干净，切花后再切片备用。
2. 将墨鱼片放入沸水中汆烫后，洗净备用。
3. 热锅，倒入1大匙油，加入蒜末、葱花爆香，再加入墨鱼片，以大火炒约1分钟，加入所有调味料炒约2分钟即可。

## Tips. 料理小秘诀

豉油皇是港式料理的一种调味料，是使用酱油加上一些配料拌调而成，可将食物炒出焦香味，不过用酱油加白砂糖来替代，也会有同样的香味。

# 三杯鱿鱼

## 材料o
鱿鱼························180克
姜·····················50克
红辣椒···················2个
罗勒····················20克

## 调味料o
胡麻油··················2大匙
酱油膏··················2大匙
白砂糖··················1小匙
米酒····················2大匙
水·····················2大匙

## 做法o
1. 鱿鱼洗净切圈；姜洗净切片；红辣椒洗净剖半；罗勒挑去粗茎洗净，备用。
2. 鱿鱼放入滚水中汆烫约30秒，即捞出沥干。
3. 热锅，加入胡麻油，以小火爆香姜片及红辣椒，放入鱿鱼圈及其他调味料，以大火煮滚后，持续翻炒至汤汁收干，最后加入罗勒略为拌匀即可。

## Tips.料理小秘诀
　　将鱿鱼先放入滚水中汆烫，再下油锅中翻炒的主要目的是去黏膜，让肉质紧缩，锁住鲜味，这样口感更好。

头足类
料
理
篇

# 蜜汁鱿鱼

**材料o**

鱿鱼350克、蒜末1小匙、红辣椒1/2个、香菜30克、面粉1大匙、水60毫升

**调味料o**

白砂糖2大匙、盐1/4小匙、米酒2小匙

**做法o**

1. 鱿鱼去内脏洗净，切片；红辣椒洗净切斜片，备用。
2. 将鱿鱼片上切花刀后，均匀沾裹上面粉备用。
3. 热锅倒入适量油，待油温烧热至170℃时，放入鱿鱼片炸至卷曲且金黄，捞出备用。
4. 锅中留少许油，放入蒜末及红辣椒片爆香后，加入水及所有调味料煮至汤汁沸腾。
5. 加入鱿鱼片拌炒均匀，加入香菜即可。

# 西红柿炒鱿鱼

**材料o**

| | |
|---|---|
| 鱿鱼 | 150克 |
| 西红柿 | 120克 |
| 葱 | 2根 |
| 姜 | 10克 |
| 橄榄油 | 1小匙 |

**调味料o**

| | |
|---|---|
| 米酒 | 1大匙 |
| 酱油 | 1大匙 |
| 白砂糖 | 1/2小匙 |
| 盐 | 1/4小匙 |

**做法o**

1. 西红柿洗净切块；鱿鱼洗净切圈；葱洗净切段；姜洗净去皮切片，备用。
2. 将鱿鱼圈放入滚水中氽烫后，捞起沥干备用。
3. 不粘锅加热，倒入橄榄油，爆香葱段、姜片。
4. 放入西红柿块炒软后，放入鱿鱼圈快速拌炒，再加入调味料拌炒均匀即可。

## Tips. 料理小秘诀

鱿鱼只要氽烫至表面看起来肉质结实即可迅速捞起。因为烫过的鱿鱼还要放入锅中快炒，如果肉质过熟，会让口感变差，而且会失去食材本身的鲜甜味。

# 韭菜花炒墨鱼

材料o

墨鱼…………300克
韭菜花………200克
红辣椒…………1个
蒜末…………少许

调味料o

盐……………1小匙
水淀粉………适量

做法o

1. 将墨鱼除去内脏、外膜、眼嘴等部位后，洗净切花后切片；红辣椒洗净切片；韭菜花洗净切段，备用。
2. 取锅装半锅水加热，水滚后，放入墨鱼片汆烫后捞出。
3. 取锅烧热后，放入1大匙油，加入红辣椒片、韭菜花段与蒜末，再加入盐，以大火炒约30秒。
4. 加入汆烫好的墨鱼片快炒约3分钟，最后加入水淀粉勾芡即可。

---

# 翠玉炒墨鱼

材料o

墨鱼…………200克
芦笋…………120克
红甜椒…………80克

调味料o

米酒………20毫升
盐……………适量
白胡椒粉……适量
水淀粉………适量

做法o

1. 将墨鱼取出内脏后，剥除外皮，洗净表面切成花再切片，放入滚水中汆烫备用。
2. 芦笋去皮洗净后，切成约5厘米长的段；红甜椒洗净切成长条，一起放入滚水中汆烫备用。
3. 取炒锅烧热，加入色拉油，放入墨鱼片炒至半熟后，加入做法2的材料和米酒、盐、白胡椒粉拌炒至入味后，加入水淀粉勾芡即可。

头足类
料理篇

# 蒜苗炒海蜇头

### 材料o

海蜇头 …… 250克
蒜苗 …………… 2根
蒜仁 …………… 3粒
葱 ……………… 2根
红辣椒 ………… 1个

### 调味料o

A.辣豆瓣酱 ·· 1大匙
　盐 …………… 少许
　白胡椒粉 …… 少许
　米酒 ……… 1大匙
　香油 ……… 1小匙
B.水淀粉 …… 少许

### 做法o

1. 将海蜇头洗净，泡入冷水中约2小时去咸味，再切小块备用。
2. 蒜苗和葱洗净切斜片；蒜仁和红辣椒洗净切小片，备用。
3. 取炒锅，加入1大匙色拉油，再放入做法2的材料，以中火先爆香。
4. 续放入海蜇头块和调味料A，以大火快速翻炒均匀，再以水淀粉勾薄芡即可。

### Tips.料理小秘诀

海蜇皮时常被拿来凉拌，其香Q的口感广受欢迎。海蜇头则因为许多人不知如何料理，所以不常食用，其实海蜇头的售价不仅较便宜，而且口感也不输海蜇皮，用来炒或烩都很适合。

# 蚝油海参

### 材料o

海参（泡发）350克、干香菇6朵、上海青300克、胡萝卜适量、葱2根、姜1小块

### 调味料o

A. 蚝油1.5大匙、酱油1大匙、白砂糖1/2小匙、高汤200毫升
B. 香油少许、水淀粉少许、盐少许

### 做法o

1. 葱洗净切段；姜洗净切片；胡萝卜去皮洗净切片，备用。
2. 干香菇洗净，浸泡冷水至软后切半；锅中放入适量油，将香菇炸至溢出香味，捞出备用。
3. 海参去沙肠切块洗净，放入沸水中汆烫去腥备用。
4. 另取锅，烧水至沸腾后加入盐（材料外），再放入洗净的上海青汆烫至熟后，捞出排盘。
5. 热锅，加入1大匙油，将做法1的材料爆香后，加入海参块、香菇及调味料A，转小火焖煮约15分钟，再以水淀粉勾芡，淋入香油，最后盛倒在上海青上即可。

# 红烧海参

### 材料o

海参（泡发）200克
竹笋片 ……… 40克
胡萝卜片 …… 30克
上海青 ……… 200克
葱 …………… 2根
姜片 ………… 10克

### 调味料o

A.高汤 …… 200毫升
鸡精 …… 1/4小匙
白砂糖 … 1/4小匙
蚝油 ……… 2大匙
胡椒粉 … 1/4小匙
B.水淀粉 …… 1大匙
香油 ……… 1小匙

### 做法o

1. 海参洗净后切大块，与竹笋片、胡萝卜片一起汆烫后冲凉；葱洗净切段；上海青洗净烫熟后铺在盘边装饰，备用。
2. 热锅，倒入少许油，以小火爆香葱段、姜片后，加入调味料A及其余做法1的材料。
3. 待煮沸约30秒，以水淀粉勾芡，起锅前淋上香油即可。

头足类

料理篇

# 烩海参

### 材料o

A. 海参（泡发）300克、高汤100毫升

B. 竹笋片80克、荷兰豆适量、胡萝卜片20克

### 调味料o

A. 蚝油1小匙、白胡椒粉1/4小匙、盐1/8小匙、白砂糖1/4小匙、香油1/2小匙

B. 水淀粉2小匙

### 煨料o

姜片3片、葱段适量、蒜末1/2小匙、虾米1小匙、蚝油1大匙、高汤100毫升、盐1/4小匙

### Tips. 料理小秘诀

海参和玉米笋本身是没有味道的，若要食材更有滋味，可以将食材泡入热高汤中一段时间，这样会更入味。

### 做法o

1. 将海参放入滚水中氽烫，捞起切块备用。

2. 将煨料中的姜片、葱段、蒜末和虾米炒香，加入其余的煨料材料，再放入海参块煮10分钟后，捞起沥干备用。

3. 取锅加入材料A的高汤、材料B所有材料、海参块和调味料A煮3分钟，最后再加入水淀粉勾芡即可。

# 海鲜炒面

材料o

A. 油面250克、葱段20克、洋葱丝25克、上海青段50克、红辣椒片10克
B. 鱿鱼圈60克、蛤蜊6只、虾仁60克、鱼板片20克

调味料o

酱油少许、盐1/2小匙、白砂糖1/4小匙、米酒1大匙、乌醋少许、热水100毫升

做法o

1. 热锅，加入2大匙色拉油，放入葱段、洋葱丝爆香，再放入所有材料B拌炒匀。
2. 锅中续加入油面、上海青段、红辣椒片、所有调味料，快炒均匀至入味即可。

# 酥炸墨鱼丸

| 材料o | | 调味料o | |
|---|---|---|---|
| 墨鱼头 | 80克 | 盐 | 1/4小匙 |
| 鱼浆 | 80克 | 白砂糖 | 1/4小匙 |
| 白馒头 | 30克 | 白胡椒粉 | 1/4小匙 |
| 鸡蛋 | 1个 | 香油 | 1/2小匙 |
| | | 淀粉 | 1/2小匙 |

做法o

1. 墨鱼头洗净切小丁、吸干水分，备用。
2. 白馒头泡水至软，挤去多余水分，备用。
3. 将做法1、做法2的材料中加入鱼浆、鸡蛋、所有调味料混合搅拌匀，挤成数颗丸子，再放入油锅中以小火炸约4分钟至金黄浮起，捞出沥油后盛盘即可。

Tips.**料理小秘诀**

选用墨鱼头来制作，会比选用整只墨鱼制作更便宜，同时加入鱼浆及泡软的馒头更增加分量，口感也会更有弹性。

头足类

料

理

篇

# 三鲜煎饼

## 材料o

| | |
|---|---|
| 鱿鱼 | 50克 |
| 虾仁 | 50克 |
| 牡蛎 | 50克 |
| 葱花 | 15克 |
| 小白菜 | 100克 |
| 中筋面粉 | 70克 |
| 地瓜粉 | 60克 |
| 蛋液 | 1/2个 |
| 水 | 140毫升 |

## 调味料o

| | |
|---|---|
| 盐 | 1/4小匙 |
| 鸡精 | 1/4小匙 |
| 白胡椒粉 | 少许 |

## 做法o

1. 鱿鱼洗净切片；虾仁洗净去肠泥；牡蛎洗净沥干；小白菜洗净切段，备用。
2. 中筋面粉、地瓜粉过筛，再加入水及蛋液一起搅成均匀的糊，静置约30分钟，再加入所有调味料、葱花、做法1的材料拌匀，即成三鲜面糊，备用。
3. 平底锅加热，倒入适量色拉油，再加入三鲜面糊，用小火煎至两面皆金黄熟透即可。食用时搭配五味酱风味更佳。

### ● 五味酱 ●

材料：

蒜末5克、姜末5克、葱末5克、红辣椒末5克、香菜末5克

调味料：

酱油膏4大匙、番茄酱2大匙、乌醋1/2大匙、白砂糖1大匙、开水2大匙

做法：

先将开水与白砂糖拌匀，再加入其余调味料拌匀，最后加入所有材料混合拌匀即可。

# 红烧墨鱼仔

### 材料o

| | |
|---|---|
| 墨鱼仔 | 3只 |
| （约200克） | |
| 姜 | 5克 |
| 蒜仁 | 3粒 |
| 葱 | 1根 |
| 红辣椒 | 1/2个 |

### 调味料o

| | |
|---|---|
| 酱油 | 1大匙 |
| 白砂糖 | 1大匙 |
| 水 | 3大匙 |
| 鸡精 | 1小匙 |
| 白胡椒粉 | 1小匙 |

### 做法o

1. 将墨鱼仔的软骨直接抽出，洗净沥干备用（如图1）。
2. 姜、蒜仁和红辣椒洗净切片；葱洗净切段备用（如图2）。
3. 取锅，加入少许油烧热，放入做法2的材料爆香后，先加入混合拌匀的调味料，最后再放入墨鱼仔，煮至汤汁略收即可（如图3）。

## Tips. 料理小秘诀

因为墨鱼仔易熟，所以先将调味料混合拌匀入锅后，再放入墨鱼仔煮至汤汁略收即可起锅，避免煮的时间过长，墨鱼仔肉质显老。

头足类

料理篇

# 豆酱烧墨鱼仔

### 材料o

墨鱼仔········200克
红辣椒··········1个
姜············20克
葱············1根

### 调味料o

黄豆酱········3大匙
白砂糖········1小匙
米酒··········1大匙
水··········50毫升

### 做法o

1. 墨鱼仔挖去墨管、洗净，沥干；红辣椒洗净切丝；姜洗净切末；葱洗净切成葱丝，备用。
2. 热锅，加入少许色拉油，以小火爆香红辣椒丝、姜末后，放入所有调味料，待煮滚后放入墨鱼仔。
3. 等做法2的材料煮滚后，转中火煮至汤汁略收干，即可关火装盘，最后撒上葱丝即可。

# 四季豆墨鱼仔煲

## 材料o

四季豆 ················ 300克
墨鱼仔 ················ 350克
花豆 ·················· 60克
洋葱 ·················· 30克
胡萝卜 ················ 20克
鲜香菇 ················ 20克
红辣椒末 ··············10克
蒜仁 ··················· 30克

## 调味料o

水 ·················· 200毫升
盐 ···················· 1小匙
白砂糖 ················1大匙
酱油 ··················1小匙
香油 ··················1大匙
白胡椒粉··············1小匙

## 做法o

1. 墨鱼仔去除头及内脏，
   洗净切圈段；胡萝卜、
   洋葱去皮洗净切丁；四
   季豆择洗干净切小段；
   鲜香菇洗净切丁；蒜仁
   去皮，备用。
2. 将胡萝卜丁及花豆放入
   水中（材料外）煮熟，
   取出沥干备用。
3. 热锅，倒入适量油，放
   入洋葱丁、鲜香菇丁、
   红辣椒末、蒜仁爆香，
   再放入墨鱼仔圈、四季
   豆段炒匀。
4. 加入胡萝卜丁、花豆及
   所有调味料炒匀，移入
   砂锅中，转小火焖煮至
   汤汁略收干即可。

# 酸甜鱿鱼羹

**材料o**

干鱿鱼（泡发）200克
蒜末·············10克
葱段·············10克
红辣椒末·········10克
水············350毫升
泡菜············200克
油葱酥··········适量

**调味料o**

A.盐·········1/4小匙
　鸡精·······1/4小匙
　白砂糖·······1大匙
　白醋········1大匙
　乌醋·······1/2大匙
　辣椒酱·····1/2大匙
B.水淀粉······适量

**做法o**

1. 将处理好的鱿鱼洗净切片备用。
2. 取锅烧热后倒入1大匙油，放入蒜末、葱段、红辣椒末爆香。
3. 倒入水煮滚后，加入鱿鱼片、泡菜再度煮滚，续放入调味料A，煮至汤汁滚沸时，加入水淀粉勾芡。
4. 熄火，加入油葱酥拌匀即可。

# 韩式鱿鱼羹

## 材料o

干鱿鱼（泡发）·············100克
香菇·························3朵
金针菇·······················30克
干金针花·····················10克
胡萝卜丝·····················50克
柴鱼片························8克
油蒜酥·······················10克
高汤······················2000毫升
香菜叶·······················少许

## 调味料o

盐·························1.5小匙
白砂糖·······················1小匙
鸡精························1/2小匙
淀粉·························50克
水·························75毫升
辣椒油·······················少许

## 做法o

1. 鱿鱼洗净，先以刀呈斜45°对角方向切出花纹，再切小片备用。
2. 香菇洗净泡软后切丝；金针菇去蒂后洗净；干金针花泡软洗净后去蒂；将上述材料和胡萝卜丝一起放入滚水中略汆烫至熟，捞起放入盛有高汤的锅中以中大火煮至滚沸，再加入盐、白砂糖、鸡精、柴鱼片、油蒜酥及鱿鱼片，续以中大火煮至滚沸。
3. 将淀粉和水调匀，一边缓缓淋入做法2的材料中，一边搅拌至完全淋入，待再次滚沸后盛入碗中，趁热撒上香菜叶并淋上辣椒油即可。

## Tips.料理小秘诀

　　最好是买干鱿鱼回来自己泡发，使用刚发好的鱿鱼来做料理会比市场买的水发鱿鱼味道更好，吃起来更香脆。干鱿鱼的泡发方法是先将头部和身体分开，再用清水浸泡6小时，其间需换水2次；接着再取10克食用碱粉与2000毫升清水调匀，再放入鱿鱼浸泡4小时，每小时需翻面1次；最后以清水冲洗即可。

头足类
料理篇

# 豆豉蒸墨鱼仔

**材料o**

墨鱼仔··············3只
（约250克）
葱丝··············20克
姜丝··············15克
红辣椒丝··············5克

**调味料o**

豆豉··············20克
米酒··············10毫升
酱油··············15毫升

**做法o**

1. 将墨鱼仔洗净，排放在盘中，加入混合拌匀的调味料，封上保鲜膜，放入电锅中，于外锅加入1/2杯水，按下开关待电锅开关跳起后取出。
2. 在墨鱼仔上放入葱丝、姜丝和红辣椒丝即可。

# 香蒜沙茶鱿鱼

### 材料o
干鱿鱼（泡发）140克
姜丝……………… 10克
红辣椒末………… 10克

### 调味料o
香蒜沙茶酱 …… 2大匙

### 做法o
1. 鱿鱼后去膜和软骨洗净，先切十字刀，再切成块。
2. 将鱿鱼块放入蒸盘上，淋上调味料。
3. 取炒锅，加入适量水，放上蒸架，将水煮至滚。
4. 将做法2的蒸盘放在做法3的蒸架上，盖上锅盖以大火蒸约5分钟。
5. 将做法4的材料取出后，摆上红辣椒末和姜丝，淋上适量热油即可。

● 香蒜沙茶酱 ●

材料：
蒜仁50克、沙茶酱200克、白砂糖1大匙、白胡椒粉1小匙、米酒2大匙
做法：
（1）蒜仁洗净切末。
（2）取锅，加入蒜末和其余材料，混合煮滚即可。

头足类

料理篇

# 泡菜鱿鱼

### 材料o

鱿鱼…………170克
小黄瓜………40克
玉米笋………30克
洋葱…………20克
白果…………20克

### 调味料o

泡菜酱汁……2大匙

### 做法o

1. 鱿鱼去膜去软骨后洗净，先切十字刀再切块；小黄瓜、玉米笋洗净后切块；洋葱去皮洗净后切块，备用。
2. 将做法1的材料和白果混合均匀，放入蒸盘中，再淋上调味料。
3. 取炒锅，加入适量水，放上蒸架，将水煮至滚。
4. 将做法2的蒸盘放在做法3的蒸架上，盖上锅盖以大火蒸约6分钟即可。

### ● 泡菜酱汁 ●

材料：
韩式泡菜100克、泡菜汁150毫升、姜30克、白砂糖2大匙、米酒2大匙
做法：
（1）泡菜和姜均切末。
（2）取锅，将所有材料加入，混合均匀，煮至滚沸即可。

# 烤鱿鱼

材料o

鱿鱼……………… 2只
（约250克）
茭白……………… 2根

调味料o

沙茶酱……… 1大匙
酱油膏……… 1大匙
辣椒酱…… 1/2大匙
米酒………… 1大匙
白砂糖…… 1/2大匙
色拉油…… 1/2大匙

做法o

1. 鱿鱼洗净，沥干水分，于体表
   轻划数刀；茭白洗净切段，以
   铝箔纸包好备用。
2. 所有调味料搅拌均匀备用。
3. 将鱿鱼用做法2的调味料腌约15
   分钟。
4. 将鱿鱼、茭白段置于烤架上，
   放进已预热的烤箱中，以
   200 ℃烤约10分钟，先取出茭
   白段。
5. 将鱿鱼刷上做法2的调味料续烤
   5分钟即可。

Tips.**料理小秘诀**

　　沙茶酱和鱿鱼等软管
类的海鲜味道相当契合，
因此通常在烤这类海鲜的
酱料中少不了沙茶酱这一
味。但是因为烤的过程中
食材容易出水，会冲淡酱
料的味道，而让食材不易
入味，因此可以将食材先
腌过，这样不用重复刷酱
久烤也能轻易入味。

头足类

料
理
篇

# 胡椒烤鱿鱼

**材料o**

鱿鱼……………… 2只
（约200克）

**调味料o**

粗胡椒粒… 1/4小匙
酱油……… 1/4小匙

**做法o**

1. 鱿鱼处理完毕，剪开身体；粗胡椒粒压碎，备用。
2. 烤箱预热至180℃，放入鱿鱼烤约10分钟至熟（烤至一半时，打开烤箱刷上酱油）。
3. 取出鱿鱼，撒上粗胡椒碎即可。

# 蒜蓉烤海鲜

**材料o**

墨鱼圈 ………100克
鲷鱼肉 ………100克
蛤蜊…………… 4只
白虾………… 4只
蒜末……… 1/2大匙
罗勒叶 ………适量

**调味料o**

盐 ……… 1/4小匙
米酒……… 1/2大匙

**做法o**

1. 鲷鱼肉洗净切适当大小的片；蛤蜊浸水吐沙；白虾洗净去除头及壳留尾，备用。
2. 取1张铝箔纸，放入做法1的所有材料、墨鱼圈、蒜末，加入所有调味料，将铝箔纸包起备用。
3. 烤箱预热至180℃，放入做法2的材料烤约5分钟至熟后取出。
4. 打开铝箔纸、加入罗勒叶，再包上铝箔纸闷一下，至罗勒叶变软即可。

## Tips.料理小秘诀

因为材料中带有汤汁，食材在烤的过程中不容易粘住，因此此铝箔纸上就不用涂色拉油了，以免过于油腻。

# 沙茶烤鱿鱼

**材料o**

鱿鱼……………1只
（约250克）
蒜苗………… 2根
蒜仁………… 2粒
红辣椒………1/2个

**调味料o**

沙茶酱……… 2大匙
盐……………适量
白胡椒粉……适量

**做法o**

1. 鱿鱼洗净沥干，在鱿鱼身上划数刀，放入烤盘中备用。
2. 将蒜苗、蒜仁和红辣椒洗净切碎末与所有调味料一起放入容器中混合拌匀，均匀抹在鱿鱼上。
3. 将做法2的材料放入已预热的烤箱中，以上火190℃、下火190℃烤约15分钟即可。

**Tips. 料理小秘诀**

鱿鱼烤了容易弯曲，所以除了软骨不刻意取出外，可插入竹签固定外型。另外在鱿鱼尾部划上几刀，可让烤出的尾部形状略卷曲，外观较好看。

头足类 料理篇

**Tips. 料理小秘诀**

　　因为鱿鱼肉质厚，烤鱿鱼时可以先汆烫，加快烤熟的速度，但千万别汆烫过久，否则鱿鱼肉质会变硬，且会卷曲起来，反而不容易烤。

# 蒜味烤鱿鱼

**材料o**

鱿鱼……………3只
（约300克）
柠檬……………1个

**调味料o**

蒜味烤肉酱 …适量

**做法o**

1. 鱿鱼从身体垂直剖开，清除内脏后洗净，将鱿鱼摊平；柠檬切瓣，备用。
2. 将鱿鱼放入沸水中汆烫约30秒，捞起以竹签串起。
3. 将鱿鱼平铺于网架上，以中小火烤约12分钟，并涂上适量的蒜味烤肉酱。
4. 食用时，将柠檬瓣挤汁淋在烤好的鱿鱼上即可。

● **蒜味烤肉酱** ●

**材料：**

蒜仁40克、酱油膏100克、五香粉1克、姜10克、凉开水20毫升、米酒20毫升、黑胡椒粉2克、白砂糖25克

**做法：**

　　将所有材料放入果汁机内搅打成泥即可。

# 沙拉海鲜

材料○

| | |
|---|---|
| 墨鱼 | 150克 |
| 虾仁 | 150克 |
| 鲷鱼肉 | 150克 |
| 文蛤 | 150克 |
| 美生菜 | 50克 |
| 豆芽 | 30克 |
| 苜蓿芽 | 30克 |
| 小西红柿 | 3个 |
| 柠檬皮 | 少许 |

调味料○

| | |
|---|---|
| 盐 | 少许 |
| 柠檬汁 | 2大匙 |
| 白酒醋 | 1大匙 |
| 胡椒粉 | 少许 |
| 橄榄油 | 1大匙 |

做法○

1. 墨鱼洗净切片；虾仁洗净去肠泥，背部轻划一刀，备用。
2. 鲷鱼肉洗净切片；文蛤用冷水浸泡使其吐沙，备用。
3. 将做法1的材料放入已预热的烤箱中，以200℃烤约10分钟后，取出备用。
4. 将所有调味料混拌均匀，加入少许柠檬皮。
5. 将美生菜、豆芽、苜蓿芽、小西红柿洗净装盘，放入做法3的海鲜，淋上做法4的酱汁即可。

头足类 料理篇

# 白灼墨鱼

## 材料o

| | |
|---|---|
| 墨鱼 | 2只 |
| （约180克） | |
| 姜 | 10克 |
| 葱 | 15克 |
| 红辣椒 | 少许 |

## 调味料o

| | |
|---|---|
| 盐 | 1/4小匙 |
| 白砂糖 | 1/4小匙 |
| 酱油 | 2大匙 |
| 凉开水 | 2大匙 |
| 鸡精 | 1/4小匙 |

## 做法o

1. 墨鱼清理干净，切花后切片；葱、姜、红辣椒洗净切丝，备用。
2. 所有调味料混合成鱼汁备用。
3. 将墨鱼片氽烫至熟盛盘，撒上姜丝、葱丝、红辣椒丝，蘸上鱼汁食用即可。

### Tips.料理小秘诀

　　墨鱼切花后氽烫要卷得漂亮，可从墨鱼的内侧切花，氽烫就能卷起，如果从外侧切花，氽烫后卷曲度不明显，可以视个人需求决定。

# 凉拌墨鱼

### 材料o

墨鱼……………… 2只
（约180克）
芹菜段……… 60克
小西红柿…… 50克
蒜末………… 20克
香菜末………10克
红辣椒末……… 5克

### 调味料o

鱼露………30毫升
白砂糖 ………10克
柠檬汁……20毫升

### 做法o

1. 将墨鱼洗净，取出内脏，剥除外皮后切圈，放入滚水中氽烫；小西红柿洗净对切备用。
2. 取1个大容器，将所有调味料先混合拌匀后，再加入墨鱼圈、芹菜段、小西红柿、蒜末、香菜末和红辣椒末混合拌匀即可。

# 五味章鱼

### 材料o

小章鱼……… 200克
姜 ……………… 8克
蒜仁…………10克
红辣椒 …………1个

### 调味料o

番茄酱 ………2大匙
乌醋…………1大匙
酱油膏 ………1小匙
白砂糖 ………1小匙
香油…………1小匙

### 做法o

1. 把姜、蒜仁、红辣椒洗净切末，再与所有调味料拌匀即为五味酱。
2. 小章鱼处理干净后放入滚水中氽烫约10秒后，即捞起装盘，食用时佐以五味酱即可。

头足类

料

理

篇

127

# 台式凉拌什锦海鲜

## 材料o

鱿鱼（切圈）120克
海参（泡发）100克
蛤蜊…………10只
虾仁…………10只
黑木耳丝……50克
小黄瓜丝……50克
小西红柿……50克
葱……………1根
姜片…………2片

## 调味料o

米酒…………5毫升
酱油…………20毫升
白砂糖………5克
盐……………适量
香油…………10毫升
白胡椒粉……适量

## 做法o

1. 取汤锅，加入海参、姜片、米酒及可淹过食材的水，一起煮约6分钟去除腥味，再将海参取出以斜刀切片备用。
2. 蛤蜊用加盐的冷水泡1~2小时吐沙，再捞起放入滚水中，煮至开口后捞出备用。
3. 虾仁、鱿鱼圈分别用滚水汆烫，再取出泡冰水；黑木耳丝用滚水汆烫，捞起沥干；小西红柿洗净对切；葱洗净，切丝备用。
4. 取调理盆，将做法1、做法2、做法3的所有海鲜材料、黑木耳丝、小黄瓜丝、葱丝及其余调味料一起放入，混合拌匀、盛盘即可。

# 醋味拌墨鱼

材料o

墨鱼………… 200克
芹菜…………150克
姜 ……………… 7克
葱 ……………… 2根

调味料o

白醋酱 ……… 适量

做法o

1. 将墨鱼去内脏洗净，切小圈，再放入滚水中
汆烫，捞起备用。
2. 将芹菜与葱洗净切段，姜洗净切丝，都放入
滚水中汆烫过水备用。
3. 将做法1、做法2的所有材料搅拌均匀，再
淋入白醋酱即可。

# 水煮鱿鱼

材料o

干鱿鱼（泡发）300克
新鲜罗勒…………3根

调味料o

芥末酱油……… 适量

做法o

1. 将鱿鱼切成交叉划刀，再切小段备用。
2. 将切好的鱿鱼段放入滚水中，汆烫过水后捞
起沥干，拌入新鲜罗勒摆盘备用。
3. 食用时再搭配芥末酱油即可。

备注：若不喜欢吃芥末，可以改蘸沙茶酱。

● 芥末酱油 ●

材料：
芥末酱1小匙、酱油2大匙
做法：
将所有材料混合均匀即可。

头足类

料理篇

# 泰式凉拌墨鱼

| 材料o | 调味料o |
|---|---|
| 墨鱼身 ……… 300克 | 鱼露 ……… 2小匙 |
| 柠檬 ……… 1/2个 | 白砂糖 ……… 2小匙 |
| 洋葱丝 ……… 适量 | 泰式辣味鸡酱1大匙 |
| 胡萝卜丝 …… 50克 | |
| 姜丝 ……… 20克 | |
| 蒜泥 ……… 20克 | |
| 香菜 ……… 少许 | |

做法o

1. 将墨鱼身洗净切花，再用沸水汆烫约2分钟后，过冰水，沥干水分备用。
2. 柠檬挤汁，再将挤完汁的柠檬切小丁，放入碗中，加入烫好的墨鱼身、洋葱丝、胡萝卜丝、姜丝、蒜泥、鱼露、白砂糖及泰式辣味鸡酱，并搅拌数分钟，腌一下放入冷藏室冰约30分钟。
3. 食用时再撒上少许洗净的香菜即可。

# 泰式凉拌鱿鱼

| 材料o | 调味料o |
|---|---|
| 鱿鱼 ……… 250克 | 鱼露 ……… 50毫升 |
| 青椒圈 ……… 适量 | 柠檬汁 …… 50毫升 |
| 洋葱圈 ……… 适量 | 橄榄油 …… 150毫升 |
| 西红柿片 …… 适量 | |
| 红辣椒末 …… 适量 | |
| 蒜末 ……… 适量 | |

做法o

1. 将鱿鱼洗净、切成0.2厘米宽的圈，放入滚水中汆烫至熟，取出泡入冰开水中至凉、捞起沥干备用。
2. 取一碗，放入所有调味料与红辣椒末、蒜末一起拌匀成淋酱备用。
3. 将鱿鱼及青椒圈、洋葱圈、西红柿片摆盘后，均匀淋上淋酱即可。

# 泰式鲜蔬墨鱼

**材料o**

墨鱼…………200克
小西红柿……50克
蘑菇…………50克
玉米笋 ………3根
蒜末…………10克
红辣椒末……10克
红葱头片……适量

**调味料o**

柠檬汁……20毫升
鱼露………50毫升
白砂糖 ……20克
酱油…………适量

**做法o**

1. 墨鱼洗净切片,放入滚水中氽烫至熟,以
   凉开水冲凉、捞起;小西红柿洗净后对
   切,备用。
2. 新鲜蘑菇洗净、切片;玉米笋洗净后斜切
   小段;将蘑菇片与玉米笋段氽烫后捞起,
   备用。
3. 取一碗,将所有调味料的材料混匀成酱汁
   备用。
4. 取一调理盆,放入所有材料及酱汁,搅拌
   均匀后盛盘即可。

头足类

料理篇

# 泰式辣拌小章鱼

### 材料o

小章鱼 ……… 200克
葱花………… 20克
莴苣叶 ……… 3片
蒜末…………10克
红辣椒末… 1/2小匙
红葱头片…… 30克

### 调味料o

柠檬汁 ……20毫升
鱼露………50毫升
白砂糖 ……… 20克

### 做法o

1. 小章鱼处理干净后放入滚水中余烫至熟，以凉开水冲凉、捞起备用。
2. 莴苣叶洗净、切粗丝备用。
3. 取一碗，放入所有调味料混合均匀成酱汁备用。
4. 取调理盆，将做法1、做法2的材料及其余的材料放入盆中，再与酱汁一起拌匀盛盘即可。

# 梅酱淋鱿鱼

材料o

鱿鱼………… 300克
姜片…………… 30克
姜末…………… 20克
米酒……………1大匙

调味料o

泰式梅酱…… 1大匙
（做法请见P157）
鱼露………… 1小匙
柠檬汁 ………少许

做法o

1. 鱿鱼去膜及内脏洗净，切成约1厘米宽的鱿鱼圈。
2. 取一锅水，加进姜片、米酒，将水煮沸，将鱿鱼圈下锅汆烫约1分钟后取出，过冰水备用。
3. 泰式梅酱中加入姜末、鱼露拌匀。
4. 将鱿鱼圈置于盘内，淋上调好的泰式梅酱即可。食用时，可以加入少许柠檬汁，能增加香气。

# 凉拌海蜇皮

材料o

海蜇皮 ……… 300克
胡萝卜 ……… 30克
小黄瓜 ……… 50克
蒜末……………10克
红辣椒末……10克
香菜……………少许

调味料o

盐 ……………1小匙
鸡精………1/4小匙
白砂糖 ………1小匙
香油…………1小匙
白醋…………1小匙

做法o

1. 海蜇皮用清水浸泡约1小时，捞出放入沸水中汆烫一下，捞出沥干备用。
2. 胡萝卜洗净切丝；小黄瓜洗净切丝，加入盐1/2小匙，腌约10分钟，再用凉开水冲洗沥干，备用。
3. 将海蜇皮、小黄瓜丝、胡萝卜丝、蒜末、红辣椒末及其余调味料混合拌匀，放入冰箱冷藏半小时后取出，加入香菜即可。

头足类
料
理
篇

# 虾蟹类
## 料理篇

　　一口咬下鲜甜的虾肉和饱满的蟹肉，那种满足感真是无法形容。虾蟹是海鲜大餐中绝对不会缺少的食材，因为相较于其他海鲜，虾蟹料理不仅多变，而且取材和烹调都很简单，新鲜的虾蟹只要水煮或清蒸就很美味了。

　　但除了水煮和清蒸，还有什么方式也能烹调出虾蟹鲜甜的滋味？要怎样料理虾蟹才不会让肉质吃起来过老呢？想要知道答案，接下去看就对了。

想挑选新鲜的虾蟹又不知道该怎么辨识？鲜虾处理上还算简单，但许多人在料理螃蟹上可就遇到瓶颈了，究竟如何才能吃到干净新鲜的虾蟹料理呢？以下一一仔细教你。

## ◎ 鲜虾挑选规则

### Step1

先看虾头，若是购买活虾的话，头应该完整，而已经冷藏或冷冻过的新鲜虾，头部应与身体紧连。此外，如果头顶呈现黑点就表示已经不新鲜了。

### Step2

再来看壳，新鲜的虾壳应该有光泽且与虾肉紧连，若已经呈现分离或快要壳肉分离，或虾壳软化，都是不新鲜的虾。

### Step3

轻轻触摸虾身，新鲜虾的虾身不黏滑，按压时会有弹性，且虾壳完整没有残缺。

---

**备忘录**

虾仁通常都是商家将快失去鲜度的虾加工处理成的，因此基本上没有所谓新鲜度可言，建议购买新鲜带壳虾并自行处理，这样才能吃到最新鲜的虾仁。

---

## ◎ 尝鲜保存妙招

海水虾是相当容易腐坏的海鲜，如果希望保存较久一点，可以先把虾头剥除，再将虾身的水分拭干放入冰箱冷藏或冷冻。虾仁则直接用保鲜盒密封后放进冰箱就可以了。不过还是建议尽快食用完。

### 处理步骤

1 剪去鲜虾的长须和虾头的尖刺。

2 修剪鲜虾的脚，可留下部分。

3 以竹签挑去鲜虾的肠泥。

4 先轻轻地剥除鲜虾头。

5 再分次剥除鲜虾身体的外壳。

6 以清水冲洗干净，并沥干水分。

1 从螃蟹嘴下开缝处将剪刀插入。

2 稍微用力将剪刀拉开，即可分开螃蟹壳。

## ◎ 挑选螃蟹秘诀

### Step1

因为螃蟹腐坏的速度非常快，建议最好选购活的螃蟹。首先观察螃蟹眼睛是否明亮，如果是活的，其眼睛会正常转动，若是购买冷冻的，其眼睛的颜色也要明亮有光泽。

### Step2

观察蟹螯、蟹脚是否健全，若已经断落或是松脱残缺，表示螃蟹已经不新鲜了；另外蟹壳是否完整，也是判断螃蟹新鲜与否的依据。

3 剪除螃蟹的鳃，此为不可食用的部分。

4 去除螃蟹的鳍，此为不可食用的部分。

### Step3

若是海蟹可以翻过来，观察其腹部是否洁白，而河蟹跟海蟹都可以按压其腹部，新鲜螃蟹会有饱满扎实的触感。

## ◎ 尝鲜保存妙招

新鲜的螃蟹若买回来没有立刻烹煮，建议放入保鲜盒中，喷洒少许的水分于螃蟹上，然后放入冰箱中冷藏，就可以稍微延长螃蟹的寿命。建议温度在5~8℃。若买的不是活跳跳的螃蟹或是无法一次吃完，建议可以将蟹肉与壳分离，处理干净后再放入冰箱保存，等下次要烹煮时再拿出来使用即可。

5 剪去螃蟹脚尖，以防食用时伤到口。

6 将螃蟹剁成大块，蟹钳可用刀板轻拍，方便食用。

# 胡椒虾

## 材料o
沙虾…………200克
蒜仁…………2粒
红辣椒片……少许
葱花…………少许
面粉…………适量

## 调味料o
白胡椒粉……1大匙
盐……………1小匙
香油…………1小匙

## 做法o
1. 沙虾洗净沥干后，先将尖头和长虾须剪掉。
2. 将沙虾拍上薄薄的面粉备用。
3. 将沙虾放入油锅中略炸后捞起，另起锅，加入蒜仁、红辣椒片和葱花爆香，再放入炸好的沙虾和所有调味料一起翻炒均匀即可。

# 蒜片椒麻虾

### 材料o
| | |
|---|---|
| 白刺虾 | 150克 |
| 蒜仁 | 6粒 |
| 花椒 | 2克 |
| 葱花 | 少许 |

### 调味料o
| | |
|---|---|
| 盐 | 1小匙 |
| 七味粉 | 1大匙 |
| 白胡椒粉 | 1小匙 |

### 做法o

1. 白刺虾洗净剪除长须，放入油锅中炸熟，捞起沥干备用。
2. 蒜仁洗净切片，放入油锅中炸至呈金黄色，捞起沥干备用。
3. 锅中留少许油，放入花椒爆香，再放入白刺虾、蒜片及所有调味料拌炒均匀，最后撒上葱花即可。

---

# 奶油草虾

### 材料o
| | |
|---|---|
| 草虾 | 250克 |
| 洋葱 | 15克 |
| 蒜仁 | 10克 |

### 调味料o
| | |
|---|---|
| 奶油 | 2大匙 |
| 盐 | 1/4小匙 |

### 做法o

1. 草虾洗净，剪掉长须、尖刺及脚后，挑去肠泥，用剪刀从虾背剪开（深约至1/3处），沥干水分备用。
2. 洋葱及蒜仁去皮洗净切碎末，备用。
3. 热锅加入适量油，待油温热至约180℃时，将草虾下油锅炸约30秒至表皮酥脆，即可起锅沥油。
4. 另取炒锅，热锅后加入奶油，以小火爆香洋葱末、蒜末，再加入草虾与盐，以大火快速翻炒均匀即可。

虾蟹类

料理篇

# 菠萝虾球

### 材料o

虾仁…………200克
菠萝片………100克
地瓜粉………适量
美乃滋………适量

### 腌料o

盐……………少许
米酒………1/2大匙
蛋清…………1/2个
淀粉…………少许

### 做法o

1. 虾仁去除肠泥，洗净沥干，加入所有腌料腌约10分钟。
2. 虾仁均匀沾上薄薄一层地瓜粉备用。
3. 热锅，倒入稍多的油，待油温热至160℃时，放入虾仁炸至表面金黄且熟，取出沥油备用。
4. 取盘摆上切小块的菠萝片，再放上虾仁，最后挤上美乃滋即可。

### Tips.料理小秘诀

喜欢口味稍甜的，可以使用罐头菠萝片，而喜欢口感自然酸甜的，建议使用新鲜菠萝。

# 糖醋虾

### 材料o

草虾…………200克
青椒块………30克
红甜椒块……30克
黄甜椒块……30克
洋葱块 ………20克
淀粉…………60克
水 …………20毫升

### 调味料o

A.番茄酱……120克
　白砂糖………10克
　乌醋………20毫升
　柠檬汁…10毫升
　草莓果酱…20克
　盐…………3克
B.水淀粉……适量

### 做法o

1. 草虾洗净去壳，留头留尾，沾上一层薄薄的淀粉备用。
2. 取锅，加入300毫升色拉油烧热至180℃，放入草虾炸至酥脆，捞起沥油备用。
3. 另取炒锅烧热，加入25毫升色拉油后，放入青椒块、红甜椒块、黄甜椒块和洋葱块翻炒，加入水、调味料A和炸过的草虾翻炒至入味。
4. 加入水淀粉勾芡即可。

# 油爆大虾

### 材料o

草虾…………250克
葱……………10克
姜……………10克
红辣椒………10克
水…………50毫升

### 调味料o

盐……………1小匙
白砂糖……1/2小匙
米酒…………1大匙
香油…………1小匙
白胡椒粉…1/2小匙

### 做法o

1. 草虾剪去须、脚，背部剖开但不切断，洗净备用。
2. 葱洗净切段；姜洗净切片；红辣椒洗净切片，备用。
3. 热锅倒入适量油，放入葱段、姜片及红辣椒片爆香。
4. 加入草虾、水及所有调味料拌炒均匀，再盖上锅盖稍焖至熟即可。

虾蟹类
料理篇

# 宫保虾仁

### 材料o
虾仁·················250克
葱段·················适量
蒜片·················适量
干辣椒片············20克

### 调味料o
淡酱油···············1小匙
米酒·················1大匙
白胡椒粉··········1/2小匙
香油·················1小匙
花椒·················5克

### 腌料o
盐···················1/2小匙
米酒·················1大匙
淀粉·················1大匙

### 做法o
1. 虾仁去肠泥洗净，加入所有腌料抓匀，腌渍约10分钟后，放入120℃油锅中炸熟，备用。
2. 热锅，加入适量色拉油，放入葱段、蒜片、干辣椒片炒香，再加入虾仁与所有调味料拌炒均匀即可。

# 滑蛋虾仁

### 材料o

| | |
|---|---|
| 鸡蛋 | 5个 |
| 虾仁 | 300克 |
| 葱末 | 20克 |
| 淀粉 | 少许 |

### 腌料o

| | |
|---|---|
| 盐 | 少许 |
| 米酒 | 1小匙 |
| 淀粉 | 少许 |

### 调味料o

| | |
|---|---|
| 盐 | 1/4小匙 |
| 鸡精 | 1/4小匙 |
| 米酒 | 1小匙 |

### 做法o

1. 虾仁去除肠泥洗净、沥干，加入所有腌料腌约10分钟，放入沸水中氽烫去腥，捞出备用。
2. 鸡蛋打散，加水与淀粉混匀，加入虾仁、葱末、所有调味料拌匀。
3. 热锅，放入2大匙油，倒入做法2的蛋液炒匀即可。

### Tips.料理小秘诀

蛋液入锅最好立刻将上层未直接接触锅面的蛋液拌开，以免出现底部熟上层生的状况，导致蛋的口感不够均匀。

---

# 甜豆荚炒三鲜

### 材料o

| | |
|---|---|
| A.虾仁 | 70克 |
| 干鱿鱼（泡发） | 70克 |
| 墨鱼片 | 80克 |
| B.甜豆荚 | 120克 |
| 玉米笋片 | 40克 |
| 胡萝卜片 | 20克 |
| C.葱段 | 15克 |
| 洋葱丝 | 20克 |
| 红辣椒片 | 10克 |
| 姜末 | 10克 |
| 蒜末 | 10克 |

### 调味料o

| | |
|---|---|
| 盐 | 1/4小匙 |
| 白砂糖 | 1/4小匙 |
| 米酒 | 1大匙 |
| 淡酱油 | 少许 |
| 乌醋 | 少许 |
| 水 | 少许 |

### 做法o

1. 将泡发鱿鱼洗净切片；甜豆荚择洗干净，备用。
2. 热锅，放入2大匙色拉油，加入材料C爆香，再放入材料B拌炒均匀。
3. 于锅中加入材料A、所有调味料炒至均匀入味即可。

虾蟹类

料理篇

# 豆苗虾仁

### 材料o

| | |
|---|---|
| 大豆苗 | 400克 |
| 虾仁 | 200克 |
| 蒜末 | 1大匙 |
| 红辣椒 | 2个 |
| 水 | 100毫升 |

### 调味料o

| | |
|---|---|
| 盐 | 1小匙 |
| 鸡精 | 2小匙 |
| 米酒 | 1大匙 |
| 香油 | 适量 |

### 做法o

1. 大豆苗洗净，摘成约6厘米长的段，放入沸水中汆烫至软；红辣椒洗净切片，备用。
2. 虾仁去肠泥洗净，放入沸水中汆烫至熟透后捞出备用。
3. 热锅倒入适量油，放入蒜末、红辣椒片爆香。
4. 加入水和所有调味料与大豆苗段、虾仁，以大火快炒均匀即可。

---

# 白果芦笋虾仁

### 材料o

| | |
|---|---|
| 芦笋 | 200克 |
| 虾仁 | 150克 |
| 白果 | 65克 |
| 蒜片 | 10克 |
| 红辣椒片 | 10克 |

### 调味料o

| | |
|---|---|
| 盐 | 1/4小匙 |
| 白砂糖 | 少许 |
| 鸡精 | 1/4小匙 |
| 香油 | 少许 |

### 做法o

1. 虾仁洗净放入沸水中烫熟，沥干备用。
2. 芦笋洗净切段，放入沸水中汆烫一下即捞起，再放入冰开水中浸泡；白果洗净放入沸水中汆烫一下，沥干备用。
3. 热锅，倒入适量油，放入蒜片、红辣椒片爆香，再放入虾仁炒匀。
4. 加入芦笋段、白果及所有调味料炒至入味即可。

## Tips.料理小秘诀

芦笋烫过后泡在冰开水中，可以防止其颜色快速变黄，也可以让口感更清脆。

# 丝瓜炒虾仁

### 材料o

| | |
|---|---|
| 丝瓜 | 250克 |
| 虾仁 | 200克 |
| 葱 | 1根 |
| 姜 | 20克 |
| 橄榄油 | 1小匙 |

### 腌料o

| | |
|---|---|
| 米酒 | 1小匙 |
| 白胡椒粉 | 1/2小匙 |
| 淀粉 | 1/2小匙 |

### 调味料o

| | |
|---|---|
| 盐 | 1/2小匙 |

### 做法o

1. 虾仁洗净，加入腌料拌匀放置10分钟；丝瓜洗净去籽切条；青葱切段；姜洗净切细丝备用。
2. 将虾仁汆烫至变红后，捞起沥干备用。
3. 取锅放油后，爆香葱段、姜丝。
4. 放入丝瓜条拌炒后，加1/4杯水焖煮至软化。
5. 放入虾仁拌炒，最后加入调味料拌匀即可盛盘。

# 蒜味鲜虾

### 材料o

| | |
|---|---|
| 沙虾 | 200克 |
| 蒜末 | 20克 |
| 西红柿 | 50克 |
| 香菜末 | 10克 |

### 调味料o

| | |
|---|---|
| 盐 | 适量 |
| 白胡椒粉 | 适量 |

### 做法o

1. 西红柿洗净，去籽切小丁备用。
2. 取炒锅烧热，加入适量色拉油，将洗净的白虾煎至外观呈红色。
3. 加入蒜末拌匀，加入西红柿丁翻炒，再加入盐和白胡椒粉略翻炒后，放入香菜末即可。

虾蟹类

料理篇

# 西红柿柠檬鲜虾

### 材料o

罗氏沼虾····· 300克
香菜············· 适量

### 腌料o

西红柿末····· 2大匙
柠檬汁········ 1大匙
盐············ 1/4小匙
橄榄油········ 1小匙
蒜末········ 1/4小匙
香菜末····· 1/4小匙
黑胡椒末··· 1/4小匙

### 做法o

1. 将全部腌料混合均匀成西红柿柠檬腌酱，备用。
2. 将罗氏沼虾的背部划开但不切断，洗净。
3. 将罗氏沼虾加入西红柿柠檬腌酱中，腌约10分钟备用。
4. 热锅，倒入少许油，放入泰国虾及西红柿柠檬腌酱以大火炒至虾熟透。
5. 将虾盛盘，再撒上香菜即可。

# 酱爆虾

### 材料o

| | |
|---|---|
| 沙虾 | 300克 |
| 蒜末 | 10克 |
| 红辣椒片 | 15克 |
| 洋葱丝 | 30克 |
| 葱段 | 30克 |

### 调味料o

| | |
|---|---|
| 酱油 | 1大匙 |
| 辣豆瓣酱 | 1大匙 |
| 白砂糖 | 少许 |
| 米酒 | 1大匙 |

### 做法o

1. 沙虾洗净，剪去须和头尖；热锅，加入2大匙色拉油，放入沙虾煎香后取出；葱段洗净，分成葱白和葱绿，备用。
2. 原锅放入蒜末、红辣椒片、洋葱丝和葱白爆香，再放入沙虾和调味料，拌炒均匀后加入葱绿再炒匀即可。

## Tips. 料理小秘诀

因为熟虾先煎过会较香，所以只要在最后稍微拌炒一下就可以起锅了，如果炒太久容易让虾太熟而使口感大打折扣。

虾蟹类

料理篇

# 炸虾

### 材料o

A.草虾 ········ 250克
B.低筋面粉 ···1/2杯
玉米粉 ·······1/2杯
高汤 ········· 1大匙

### 调味料o

鲣鱼酱油 ····· 1大匙
味醂 ··········· 1小匙
萝卜泥 ········ 1大匙

### 做法o

1. 将草虾头及壳剥除，保留尾部，洗净备用。

2. 将材料B调成粉浆备用；将高汤和调味料调匀成蘸汁。

3. 将草虾腹部横划几刀，深至虾身的一半，不要切断，将虾摊直，并用手指将虾身挤压成长条后，再将草虾表面沾上一些干的低筋面粉（材料外）备用。

4. 热锅，放入适量油，待油温烧热至约160℃后转小火，并用手捞一些粉浆撒入油锅中，让粉浆在锅中形成小颗的脆面粒。

5. 用长筷子把浮在油锅表面的脆面粒集中在油锅边，转中火，为避免脆面粒过焦，须迅速地将草虾沾裹上粉浆后，放入锅中脆面粒的集中处炸，使草虾沾上脆面粒；待炸约半分钟至表皮金黄酥脆时，再捞起沥干油分，装盘佐以蘸汁食用。

# 椒盐溪虾

材料o

溪虾…………120克
葱………………2根
红辣椒…………2个
蒜仁……………15克

调味料o

白胡椒盐……1小匙
七彩胡椒粒1/4小匙

做法o

1. 将溪虾洗净、沥干水分，备用。
2. 葱洗净切花；红辣椒、蒜仁洗净切碎末，备用。
3. 将溪虾放入油温约180℃的油锅中，炸约30秒至表皮酥脆即可起锅沥油。
4. 取炒锅，热锅后加入少许色拉油，以小火爆香葱花、蒜末、红辣椒末，再加入溪虾并撒上白胡椒盐与磨好的七彩胡椒粒，以大火快速翻炒均匀即可。

# 粉丝炸白虾

材料o

沙虾…………200克
粉丝……………1把
鸡蛋……………1个
面粉…………50克

调味料o

盐………………适量
白胡椒粉………适量

做法o

1. 将沙虾去壳和肠泥后洗净，在沙虾腹部划数刀，以防止卷曲；鸡蛋打散成蛋液，备用。
2. 将粉丝用剪刀剪成约3厘米长的段备用。
3. 在虾肉上撒上盐和白胡椒粉，再依序沾上面粉、鸡蛋液和粉丝段备用。
4. 取锅，加入色拉油烧热至180℃，放入沙虾炸约6分钟至外观呈金黄色，捞起沥油即可盛盘。

虾蟹类 料理篇

# 三杯花蟹

### 材料o

花蟹2只（约250克）
老姜片…………50克
蒜仁……………60克
红辣椒段………30克
葱段……………50克
罗勒叶…………20克
淀粉……………50克
水…………50毫升

### 调味料o

胡麻油………25毫升
米酒…………30毫升
酱油膏………25克
酱油…………15毫升
乌醋…………15毫升
白胡椒粉………5克

### 做法o

1. 花蟹洗净切去尖脚，剥去外壳，蟹钳用刀板略拍，蟹壳内沾上淀粉。
2. 热锅，加入色拉油，放入花蟹，炸至外观呈金黄色，捞起沥油备用。
3. 另取炒锅烧热，加入胡麻油，放入老姜片、蒜仁、红辣椒段和葱段炒香。
4. 加入米酒、酱油膏、水、酱油、乌醋和白胡椒粉煮滚后，再将炸过的花蟹放入锅中，煮至水分快收干，加入罗勒叶略翻炒即可。

# 芙蓉炒蟹

## 材料o

花蟹·············1只
（约200克）
洋葱·············1/2个
葱···············2根
姜···············10克
鸡蛋············1个
水··········200毫升

## 调味料o

A.淀粉········2大匙
B.盐·········1/4小匙
　鸡精·····1/4小匙
　白砂糖···1/6小匙
　料酒·······1大匙
C.水淀粉·····1小匙

## 做法o

1. 花蟹洗净去鳃后切小块；葱洗净切小段、洋葱及姜洗净切丝；鸡蛋打成蛋液，备用。
2. 油锅热油，油温热至约180℃，在花蟹块上撒一些干淀粉，无须全部沾满；下油锅炸约2分钟至表面酥脆，即可起锅沥油。
3. 另取锅，热锅后加入少许色拉油，以小火爆香葱段、洋葱丝、姜丝，再加入花蟹块、水与所有调味料B，以中火翻炒约1分钟后用水淀粉勾芡，再淋上蛋液略翻炒即可。

# 避风塘炒蟹

## 材料o

花蟹·············1只
（约220克）
蒜仁·········100克
红葱头·········30克
红辣椒············1个

## 调味料o

A.淀粉········2大匙
B.盐·········1/2小匙
　鸡精·····1/2小匙
　白砂糖···1/4小匙
　料酒·······1大匙
　红甜椒片····适量

## 做法o

1. 花蟹洗净切小块；蒜仁、红葱头、红辣椒洗净切细末，备用。
2. 将蒜末及红葱头末放入油温约120℃的锅中，以中火慢炸约5分钟至略呈金黄色时，把花蟹块撒上一些干淀粉（不需全部沾满），一起下油锅炸约2分钟至表面酥脆，即可与蒜末一起捞出沥干油分。
3. 将油锅倒出油，不用洗锅，开火后加入红辣椒末略炒，即可加入花蟹块与蒜末，再加入所有调味料B，以中火翻炒至水分收干且蟹干香即可。

虾蟹类

料理篇

# 咖喱炒蟹

### 材料o

花蟹·············· 2只
（约250克）
蒜末············· 30克
洋葱丝········100克
葱段············· 80克
红辣椒丝······· 30克
芹菜段········120克
鸡蛋················1个
淀粉············· 60克
高汤········200毫升

### 调味料o

咖喱粉········· 30克
酱油·········20毫升
蚝油·········50毫升
白胡椒粉·······适量

### 做法o

1. 花蟹洗净，切好后，在蟹钳的部分拍上适量的淀粉。
2. 热锅加入500毫升色拉油，以中火将花蟹炸至8分熟，至外观呈金黄色，捞起沥油。
3. 取炒锅烧热，加入25毫升色拉油，放入蒜末、洋葱丝、葱段、红辣椒丝和芹菜段爆香。
4. 加入咖喱粉、酱油、蚝油、高汤和白胡椒粉，再放入花蟹炒匀，并以慢火焖烧至高汤快干。
5. 加入打散的鸡蛋液，以小火收干汤汁即可。

# 洋葱蚝油花蟹

### 材料o

洋葱丝·········100克
花蟹············· 2只
（约350克）
蒜末············ 30克
红辣椒段······ 30克
高汤········100毫升

### 调味料o

蚝油········80毫升
米酒········20毫升
香油········10毫升

### 做法o

1. 花蟹处理干净，切块后放入滚水中略汆烫备用。
2. 取炒锅烧热，加入色拉油，放入蒜末、洋葱丝和红辣椒段以大火快炒，再加入蚝油、米酒、高汤和花蟹块快炒均匀，起锅前淋入香油即可。

# 鲜菇炒蟹肉

## 材料o

| | | | |
|---|---|---|---|
| 蟹腿肉 | 100克 | | |
| 鲜香菇 | 60克 | | |
| 洋葱 | 50克 | | |
| 红辣椒 | 1个 | | |
| 青椒 | 1个 | | |
| 姜 | 10克 | | |
| 橄榄油 | 1小匙 | | |
| 水 | 1大匙 | | |

## 调味料o

| | |
|---|---|
| 米酒 | 1大匙 |
| 酱油 | 1小匙 |
| 白砂糖 | 1/4小匙 |
| 盐 | 1/4小匙 |

## 做法o

1. 蟹腿肉洗净；鲜香菇洗净切片；洋葱洗净切片；红辣椒洗净去籽切条；青椒洗净切小段；姜洗净切片。
2. 将一锅水煮滚后加1/2小匙米酒（材料外），接着放入蟹腿肉烫熟，捞起冲冷水沥干备用。
3. 取不粘锅，放油烧热后，爆香姜片、洋葱片。
4. 放入鲜香菇片炒香后，加入蟹腿肉、红辣椒条、青椒段略炒，再加入水及所有调味料拌炒均匀即可。

# 泡菜炒蟹脚

## 材料o

| | |
|---|---|
| 蟹脚 | 350克 |
| 韩式泡菜 | 200克 |
| 洋葱 | 1/2个 |
| 红辣椒 | 1个 |
| 蒜仁 | 2粒 |
| 葱 | 1根 |
| 罗勒叶 | 适量 |

## 调味料o

| | |
|---|---|
| 香油 | 1小匙 |
| 盐 | 少许 |
| 白胡椒粉 | 少许 |

## 做法o

1. 蟹脚洗净，用刀拍打过备用。
2. 洋葱洗净切丝；红辣椒和蒜仁洗净切片；葱洗净切段；罗勒叶洗净备用。
3. 取锅，加入少许油烧热，放入做法2的材料（新鲜罗勒先不放入）爆香，加入蟹脚、韩式泡菜翻炒均匀后，再加入调味料快炒，起锅前加入罗勒即可。

# 金沙软壳蟹

材料o

软壳蟹 ·········· 3只
（约600克）
咸蛋黄 ·········· 4个
葱 ··············· 2根

调味料o

淀粉 ············ 1大匙
盐 ············· 1/8小匙
鸡精 ········· 1/4小匙

做法o

1. 把咸蛋黄放入蒸锅中蒸约4分钟至软，取出后，用刀辗成泥；葱洗净切花备用。

2. 取锅，倒入适量油，油温热至约180℃，将软壳蟹裹上干淀粉下锅（无需解冻及做任何处理），以大火慢炸约2分钟至略呈金黄色时，即可捞起沥干油。

3. 取炒锅，热锅后加入约3大匙色拉油，转小火将咸蛋黄泥入锅，再加入盐及鸡精，用锅铲不停搅拌至蛋黄起泡且有香味后，加入软壳蟹，并加入葱花翻炒均匀即可。

虾蟹类
料理篇

# 月亮虾饼

## 材料o

虾仁·········300克
春卷皮········4张
姜末·········30克
蒜末·········30克
蛋清·········1个
猪油·········1大匙
淀粉·········3大匙

## 调味料o

鱼露·········2小匙
白砂糖········2小匙
鸡精·········1小匙
泰式梅酱······1大匙

## ● 泰式梅酱 ●

材料：
腌渍梅子（市售罐装）10颗、
水200毫升、辣椒粉1小匙、
番茄酱1大匙、鱼露1小匙、白
砂糖1大匙、水淀粉少许
做法：
（1）将梅子取出核，碾成泥
备用。
（2）将水倒入炒锅中加热煮
沸，再加入梅肉、辣椒
粉、番茄酱、鱼露、白
砂糖，煮滚后用水淀粉
勾芡即可。

## 做法o

1. 虾仁洗净剁成泥，放入碗中（如图1），加入姜末、蒜末（如图2）、蛋清、猪油、鱼露（如图3）、白砂糖、鸡精与1大匙淀粉，用手捏和摔打，至虾泥黏稠（如图4），分成2团备用。
2. 取1张春卷皮摊开，抹上一团虾泥。用菜刀沾上少许色拉油，将虾泥拍打平整（如图5），再撒上一些淀粉。
3. 取另1张春卷皮，盖上做法2的虾泥，再用菜刀拍平，并以菜刀尾端在春卷皮正反面刺出数个小洞（防止油炸时发涨变形），即成虾饼皮。
4. 取锅，倒入适量油，以中火将油温烧至170℃，放入虾饼皮（如图6），以中火炸约2分钟，至饼皮呈金黄色捞出，将油沥干，切成三角状，蘸泰式梅酱食用即可。

虾蟹类
料理篇

# 海鲜煎饼

## 材料o

墨鱼…………… 40克
虾仁…………… 40克
牡蛎…………… 40克
中筋面粉……100克
玉米粉……… 30克
水 ………… 150毫升
葱段…………15克
韭菜段……… 20克
泡菜段………120克

## 调味料o

盐 …………… 少许
白砂糖…… 1/4小匙
鸡精…………… 少许

## 做法o

1. 墨鱼洗净切片；虾仁去肠泥洗净；牡蛎洗净沥干，备用。
2. 中筋面粉、玉米粉过筛，再加入水一起搅成糊，静置约40分钟，再加入所有调味料及葱段、韭菜段、泡菜段、做法1的材料混合拌匀，即为韩式海鲜面糊，备用。
3. 取平底锅加热，倒入适量色拉油，再加入韩式海鲜面糊，用小火煎至两面皆金黄熟透即可。

### Tips. 料理小秘诀

泡菜带有水分，加入面糊前要先挤去汁液，这样加入已调匀的面糊中时，才不会影响到面糊的浓稠度，也可以避免水分太多稀释面糊，使其在煎制过程中不容易成型。

# 金钱虾饼

## 材料o

虾仁………… 200克
猪肥膘 ……… 50克
竹笋………… 50克
香菜叶 ……… 适量
淀粉………… 适量
蛋清…………… 1个

## 调味料o

淀粉……… 1.5小匙
盐 ……… 1/2小匙
香油……… 1/4小匙
白胡椒粉… 1/4小匙

## 做法o

1. 虾仁洗净，用少许盐（材料外）搓揉，再用水冲洗干净，并用厨房纸巾吸干水分，备用。

2. 猪肥膘洗净切小丁；竹笋洗净切小丁，汆烫约10分钟捞起，过凉水后沥干，备用。

3. 用刀背将虾仁拍成泥，并摔打约10下，再加入做法2的材料及所有调味料，搅拌均匀后再摔打4次。

4. 将虾泥做成直径约10厘米的圆形泥饼，上面贴1片香菜叶装饰，再沾少许淀粉，并沾上蛋清，即为金钱虾饼，备用。

5. 加热平底锅，倒入适量色拉油，放入金钱虾饼，以小火将两面各煎约3分钟，至金黄熟透即可。

虾蟹类
料
理
篇

# 绍兴醉虾

**Tips.料理小秘诀**

　　汆烫鲜虾时，也可以在水中加入少许盐，如此煮出来的鲜虾肉质会较鲜甜美味。汆烫时，记得在鲜虾开始变红之后就转成小火将其焖熟，如果一直用大火煮，肉质容易因为煮得过硬而变得不好吃。

## 材料o

| | |
|---|---|
| 沙虾 | 300克 |
| 川芎 | 5克 |
| 人参须 | 5克 |
| 枸杞子 | 5克 |
| 水 | 400毫升 |
| 姜片 | 适量 |
| 葱段 | 适量 |
| 米酒 | 适量 |

## 调味料o

| | |
|---|---|
| 绍兴酒 | 200毫升 |
| 盐 | 1/2小匙 |

## 做法o

1. 将沙虾剪去须、头尖，挑去肠泥后洗净。
2. 煮一锅水（材料外）至滚，先放入姜片、葱段和适量米酒（如图1），放入沙虾汆烫（如图2）。
3. 沙虾变红后即转小火，再略烫后捞起（如图3）。
4. 将沙虾放入冰水中冰镇至完全冷却，取出沥干水分。
5. 取锅，加入川芎、人参须、枸杞子和水煮约5分钟（如图4），再加入调味料煮至滚沸后熄火待凉。
6. 取一保鲜盒，先将沙虾放入，再倒入做法5的汤汁（如图5）。
7. 盖紧保鲜盒盖，移入冰箱冷藏约1天，待虾浸泡至入味即可。

# 白灼虾

### 材料o

沙虾300克、葱丝20克、姜丝10克、红辣椒丝10克、水1000毫升、葱段适量、姜片适量、凉开水2大匙

### 调味料o

酱油1小匙、盐1/4小匙、鸡精1/4小匙、鱼露1/2小匙、香油1/2小匙、白胡椒粉少许

### 做法o

1. 将凉开水和所有调味料混合拌匀,再加入葱丝、姜丝、红辣椒丝成蘸料。
2. 煮一锅约1000毫升的开水,放入1/2小匙盐、适量葱段、姜片和少许色拉油,以大火煮至滚。
3. 将活虾洗净放入锅内,煮至虾弯曲且虾肉紧实时捞出盛盘,再搭配做法1的蘸料食用即可。

### Tips. 料理小秘诀

把虾烫熟其实也有诀窍,水里可先放入盐、葱段、姜片和少许油,煮滚后再烫虾,这样虾肉会更有味道。

---

# 胡麻油米酒虾

| 材料o | 调味料o |
|---|---|
| 白刺虾………150克 | 酱油…………1小匙 |
| 当归……………1片 | 米酒………300毫升 |
| 山药…………… 2片 | 胡麻油………2大匙 |
| 枸杞子………… 4克 | |
| 姜………………… 5克 | |
| 水………… 100毫升 | |

### 做法o

1. 姜洗净切片;当归、山药、枸杞子稍微洗净;白刺虾剪除长须、脚后洗净,备用。
2. 热锅倒入胡麻油,放入姜片炒香。
3. 加入白刺虾、当归、山药、枸杞子、水及其余调味料炒熟即可。

虾蟹类

料理篇

# 香葱鲜虾

### 材料o

草虾·········· 300克
香葱米酒酱 ···· 适量

### 做法o

1. 将草虾剪去头尖、须，再将肠泥挑除后洗净，放入滚水中汆烫后捞起备用。
2. 将草虾加入香葱米酒酱搅拌均匀。
3. 泡约20分钟即可。

● 香葱米酒酱 ●

材料：
米酒100毫升、盐少许、白胡椒粉少许、姜5克、红辣椒1个、葱1根
做法：
（1）将姜切片、红辣椒切丝、葱切段备用。
（2）将做法1的材料和其余材料混合均匀即可。

# 酒酿香甜虾

### 材料o

沙虾·········· 300克
葱花·········· 30克
姜末·········· 30克

### 调味料o

酒酿·········· 2大匙
米酒·········· 1大匙
盐·········· 1/2小匙
水·········· 300毫升

### 做法o

1. 沙虾挑去肠泥，洗净剪去须及脚、尾刺（方便食用时不会被刺到）。
2. 热锅，放入葱花、姜末炒香，加入所有调味料及鲜虾，以小火煮至虾身变红即可。

## Tips.料理小秘诀

　　天气冷时很多人会吃酒酿补身，而酒酿中的酒味和虾的味道很搭配，不用太多调味，做法超简单又滋补。

# 酸辣虾

### 材料o

白刺虾········200克
红辣椒·········3个
青椒···········2个
蒜仁··········10克
水············2大匙

### 调味料o

柠檬汁·········2大匙
白醋···········1大匙
鱼露···········1大匙
白砂糖······1/4小匙

### 做法o

1. 将白刺虾洗净沥干；红辣椒、青椒及蒜仁洗净分别剁碎；备用。

2. 热锅，加入少许色拉油，先将白刺虾加入锅中，两面略煎过后，盛出备用。

3. 另取锅，热锅后加入少许色拉油，加入红辣椒末、青椒末、蒜末略为炒过，再加入白刺虾、水及所有调味料，转中火烧至汤汁收干即可。

虾蟹类

料理篇

# 干烧明虾

### 材料o

明虾250克、葱2根、姜20克、酒酿20克

### 调味料o

辣豆瓣酱1小匙、番茄酱3大匙、白醋1大匙、米酒1大匙、白砂糖1大匙、香油2大匙、水淀粉1小匙

### 做法o

1. 葱洗净切葱花与葱丝；姜洗净切末；明虾洗净剪掉头须和尾刺，以牙签挑去肠泥，备用。
2. 取油锅，倒入适量色拉油，约中低油温时将明虾放入锅中半煎炸，摆好明虾后开大火，看到虾壳边缘呈微红色时，就可以翻面再煎。
3. 续放入部分葱花、姜末爆香，再放入辣豆瓣酱、番茄酱、白醋、酒酿、米酒、白砂糖及淹至草虾一半的水量，干烧到汤汁略收干。
4. 放入水淀粉勾芡，加入香油、葱花再拌煮一下，就将明虾夹起装盘，放上葱丝，再淋上汤汁即可。

## Tips. 料理小秘诀

* 让虾味更香甜的关键，就在酒酿。加入酒酿一起烹煮，能让料理的甜味提升。
* 通常餐厅会将明虾先炸再烹煮，但这里教大家用半煎炸的方式，既少用油，也能先将虾的气味带出来。而这种半煎炸的虾因为不像放入炸锅中就会立刻定型，所以下锅油煎时要先把虾定型摆好，煎起来才会好看。

# 虾仁杂菜煲

## 材料o

虾仁250克、大白菜150克、南瓜60克、西红柿40克、黄甜椒20克、葱段20克、白果20克、西蓝花60克、高汤500毫升

## 调味料o

盐1小匙、白砂糖1小匙、香油1大匙

## 做法o

1. 大白菜洗净切块；南瓜、西红柿、黄甜椒洗净切条；西蓝花洗净切小朵，虾仁洗净备用。
2. 热锅，倒入适量油，放入葱段爆香，加入所有的材料（虾仁除外）炒匀。
3. 加入高汤及所有调味料煮沸，加入虾仁再煮沸即可。

## Tips.料理小秘诀

虾仁容易煮熟，因此不适合长时间炖煮，以免口感变差，等其他材料炖煮到差不多熟了，再加入虾仁煮熟即可。

# 鲜虾粉丝煲

## 材料o

草虾200克、粉丝1把、姜片适量、蒜片适量、洋葱丝100克、红辣椒片50克、猪肉泥50克、上海青2棵、水400毫升

## 调味料o

沙茶酱2大匙、白胡椒粉少许、盐少许、面粉10克、白砂糖1小匙

## 做法o

1. 草虾、上海青洗净；粉丝泡入冷水中软化后沥干，备用。
2. 取锅，加入适量油，以中火烧至油温约190℃，将草虾裹上薄面粉后，放入油锅炸至外表呈金黄色时，捞出沥油备用。
3. 取炒锅，倒入1大匙色拉油烧热，放入姜片、蒜片、洋葱丝、红辣椒片及猪肉泥以中火爆香后，加入水及其余调味料、粉丝、草虾和上海青，以中小火烩煮约8分钟即可。

虾蟹类
料
理
篇

# 五彩虾冻

**材料○**

| | |
|---|---|
| 虾仁 | 50克 |
| 青椒 | 适量 |
| 红甜椒 | 适量 |
| 黄甜椒 | 适量 |
| 荸荠丁 | 适量 |
| 黑木耳丁 | 适量 |
| 蒟蒻粉 | 15克 |
| 水 | 350毫升 |

**调味料○**

| | |
|---|---|
| 盐 | 1/4小匙 |
| 白砂糖 | 少许 |
| 米酒 | 1小匙 |

**做法○**

1. 虾仁洗净氽烫熟。
2. 将青椒、红甜椒、黄甜椒洗净后去蒂和籽，再切成丁状。
3. 将做法2的材料和荸荠丁、黑木耳丁放入滚水中略为氽烫后捞起，泡入冰水中再捞起沥干备用。
4. 取锅，加水煮滚，再放入蒟蒻粉、所有调味料，拌煮均匀后熄火。
5. 加入虾仁、做法3的材料，混合拌匀后装入模型中，待凉后放入冰箱冷藏即可。

# 黑麻油煎花蟹

## 材料o

| | |
|---|---|
| 花蟹 | 2只 |
| （约350克） | |
| 老姜片 | 50克 |
| 水 | 300毫升 |

## 调味料o

| | |
|---|---|
| 黑芝麻油 | 80毫升 |
| 米酒 | 100毫升 |
| 鸡精 | 2小匙 |
| 白砂糖 | 1/2小匙 |

## 做法o

1. 将中型花蟹开壳、去鳃及胃囊后，以清水冲洗干净（如图1），并剪去脚部尾端（如图2），再切成6块备用。
2. 取炒锅，倒入黑芝麻油与老姜片，以小火慢慢爆香至老姜片卷曲（如图3）。
3. 加入花蟹块（如图4），煎至上色后，续加入米酒、水、鸡精、白砂糖（如图5），盖上锅盖以中火煮约2分钟后开盖，再以大火把剩余的水分煮至收干即可。

虾蟹类料理篇

# 蟹肉烩芥菜

**材料o**

蟹脚肉 ……… 100克
芥菜心 ……… 200克
姜片 ……………… 2片
葱姜酒水 ……… 适量
（适量葱、姜、米酒
一起煮沸）
高汤 …… 1250毫升

**调味料o**

A.盐 ……… 1/2小匙
　鸡精 …… 1/2小匙
　米酒 ……… 1小匙
　白胡椒粉 …… 少许
B.香油 ……… 少许
　水淀粉 …… 适量

**做法o**

1. 芥菜心洗净切段，放入沸水中稍微汆烫一
   下，再放入1000毫升高汤中煮软，取出芥菜
   心段备用。
2. 蟹脚肉洗净，放入煮沸的葱姜酒水中汆烫去
   腥后，捞出备用。
3. 热锅，放入1小匙油，将姜片切丝后入锅中
   爆香，再加入米酒、高汤250毫升煮至沸
   腾，放入蟹脚肉、芥菜心段。
4. 待再次沸腾后，放入所有调味料A调味，并
   以水淀粉勾芡，起锅前淋上香油即可。

备注：可依个人喜好加入干贝丝，风味更佳。

# 蟹腿肉烩丝瓜

**材料o**

蟹腿肉 ……… 150克
丝瓜 ………… 300克
葱 …………… 20克
姜 …………… 10克
胡萝卜 ……… 40克
水 ………… 300毫升

**调味料o**

盐 ………… 1/2小匙
鸡精 …… 1/2小匙
白砂糖 …… 1小匙
水淀粉 …… 1大匙

**做法o**

1. 丝瓜洗净去皮切条；葱、姜、胡萝卜洗净
   （去皮）切片；蟹腿肉洗净备用。
2. 热锅，爆香葱片、姜片，加入水、丝瓜条、
   蟹腿肉、胡萝卜片与调味料A一起煮至熟，
   起锅前放入水淀粉勾芡即可。

## Tips. **料理小秘诀**

　　丝瓜最常见的就是与蛤蜊一起炒，其实
也可以与市售的蟹腿肉搭配，既不用等蛤蜊
吐沙，炒熟时间也更快呢！

# 蟹黄豆腐

## 材料o

蟹黄············· 50克
蛋豆腐········ 300克
胡萝卜·········· 10克
葱···················· 1根
姜················· 10克
水············· 50毫升

## 调味料o

A.白砂糖······ 1小匙
　盐·········· 1/2小匙
　蚝油········· 1小匙
　绍兴酒······ 1小匙
B.香油········· 1小匙
　水淀粉······ 1小匙

## 做法o

1. 蛋豆腐洗净切小块；胡萝卜洗净去皮切末；葱洗净切花；姜洗净切末，备用。
2. 热锅倒入适量油，放入蛋豆腐块煎至表面焦黄，取出备用。
3. 另热锅，倒入适量油，放入姜末爆香，再放入胡萝卜末、蟹黄拌炒均匀。
4. 加入水、调味料A及豆腐块，转小火盖上锅盖焖煮4~5分钟。
5. 加入水淀粉勾芡，最后加入香油及葱花即可。

虾蟹类
料理篇

# 包心菜蟹肉羹

## 材料O

蟹脚肉 ……… 200克
包心菜 ……… 300克
金针菇 ……… 30克
胡萝卜 ……… 15克
蒜末 ……… 10克
姜末 ……… 10克
热水 ……… 350毫升

## 调味料O

A.盐 ……… 1/2小匙
　鸡精 ……… 1/2小匙
　白砂糖 ……… 1小匙
　乌醋 ……… 1/2大匙
　白胡椒粉 ……… 少许
　香油 ……… 少许
B.水淀粉 ……… 适量

## 做法O

1. 将腌渍处理好的蟹脚肉以沸水氽烫，备用。
2. 包心菜洗净切块；金针菇去蒂洗净；胡萝卜洗净切丝备用。
3. 取锅烧热后倒入2大匙油，将蒜末、姜末爆香，再放入包心菜块、金针菇与胡萝卜丝炒软。
4. 加入热水，再加入蟹脚肉与调味料A，煮至汤汁滚沸时，以水淀粉勾芡即可。

# 蟹肉豆腐羹

## 材料O

蟹腿肉 ……… 300克
豆腐 ……… 250克
四季豆 ……… 4根
鲜笋 ……… 1/2根
胡萝卜 ……… 50克
高汤 ……… 500毫升

## 调味料O

A.盐 ……… 1/2小匙
　白胡椒粉 1/2小匙
　香油 ……… 1小匙
B.水淀粉 ……… 1大匙

## 做法O

1. 将胡萝卜、鲜笋洗净切成菱形片，四季豆择洗干净切丁，分别放入滚水中氽烫捞起；豆腐洗净切小块，备用。
2. 蟹腿肉洗净，放入滚水中泡3分钟后，捞出备用。
3. 取汤锅，倒入高汤煮滚，加入调味料A及做法1、做法2的所有材料煮开，最后以水淀粉勾芡即可。

# 蟹肉豆腐煲

材料o

蟹肉………… 200克
老豆腐………… 2块
口蘑…………… 6朵
葱段…………… 适量
蒜仁…………… 2粒
姜片…………… 15克
高汤……… 400毫升

调味料o

盐 ………… 1/4小匙
米酒………… 1小匙

做法o

1. 蟹肉解冻后，放入加有米酒、盐的滚水中汆烫至熟；口蘑洗净放入沸水中烫熟，备用。
2. 豆腐洗净切长片，放入油温160℃的油锅中稍炸，捞起沥干备用。
3. 热锅，放入2大匙色拉油，放入葱段、姜片、蒜仁爆香，再加入高汤煮至沸腾，加入豆腐片、口蘑、蟹肉煮沸后，再倒入砂锅中煮至入味即可。

# 花蟹粉丝煲

材料o

小花蟹450克、粉丝100克、虾米10克、香菇20克、葱段30克、洋葱30克、芹菜10克、胡萝卜10克、水600毫升

调味料o

白砂糖2大匙、蚝油1大匙、米酒1大匙、沙茶酱1大匙、豆腐乳1大匙

做法o

1. 小花蟹剥壳去鳃洗净；粉丝、虾米泡水至软；香菇泡水至软后切丝；洋葱去皮洗净切丝；芹菜洗净切段；胡萝卜去皮洗净切丝，备用。
2. 热锅，倒入适量油，放入虾米、香菇丝、葱段及洋葱丝爆香。
3. 放入花蟹、芹菜段、胡萝卜丝炒匀，加入水及所有调味料煮沸后，捞起所有材料，留汤汁备用。
4. 将汤汁倒入砂锅中，放入粉丝炒至汤汁略收，放入所有捞起的材料拌匀即可。

虾蟹类

料理篇

# 木瓜味噌青蟹锅

### 材料o

青蟹……………… 2只
（约500克）
木瓜……………300克
菠菜……………200克
葱花………………10克
水………………1200毫升

### 调味料o

白味噌………100克
白砂糖………1大匙
味酥…………60毫升
香菇精………1小匙

### 做法o

1. 青蟹剥壳去鳃后洗净，放入蒸锅中以大火蒸约18分钟，取出待凉后切块备用。
2. 木瓜洗净去皮、去籽、切块；菠菜洗净切段备用。
3. 砂锅中放入水与木瓜块煮至沸腾，加入所有调味料及青蟹块、菠菜段。
4. 以中火续煮至沸腾，立即熄火撒上葱花即可。

# 清蒸沙虾

材料o

| | |
|---|---|
| 沙虾 | 300克 |
| 蒜末 | 10克 |
| 葱末 | 10克 |
| 姜末 | 5克 |

调味料o

| | |
|---|---|
| 米酒 | 1大匙 |
| 芥末 | 少许 |
| 酱油 | 1大匙 |

做法o

1. 沙虾剪去头部刺、须，挑掉肠泥洗净备用。
2. 沙虾中加入米酒拌匀，放入蒸笼蒸约7分钟。
3. 蒸笼中放入蒜末、葱末、姜末，再蒸约30秒取出。
4. 食用时蘸上芥末、酱油调和的酱汁即可。

## Tips. 料理小秘诀

　　清蒸的海鲜若要好吃，食材一定要够新鲜。在挑选沙虾时，不妨先注意虾体的色泽。新鲜的沙虾体色透亮，可见虾肠，但若是冷冻解冻或是已经不太新鲜的沙虾则是虾体白浊，眼睛也较无光。

虾蟹类

料理篇

# 葱油蒸虾

材料o

| | |
|---|---|
| 虾仁············120克 |
| 葱丝············30克 |
| 姜丝············15克 |
| 红辣椒丝······15克 |
| 水············2大匙 |

调味料o

| | |
|---|---|
| 蚝油············1小匙 |
| 酱油············1小匙 |
| 白砂糖········1小匙 |
| 色拉油········2大匙 |
| 米酒············1小匙 |

做法o

1. 虾仁洗净后，排放在盘上备用。
2. 将色拉油、葱丝、姜丝及红辣椒丝拌匀，加入水及其余调味料拌匀后，淋至虾仁上。
3. 电锅外锅加入1/2杯水，放入蒸架后将虾仁放置架上，盖上锅盖，按下开关，蒸至开关跳起即可。

# 当归虾

材料o

| | |
|---|---|
| 沙虾············300克 |
| 当归············5克 |
| 枸杞子·········8克 |
| 姜片············15克 |
| 红枣············适量 |
| 水·········800毫升 |

调味料o

| | |
|---|---|
| 盐············1/2小匙 |
| 米酒············1小匙 |

做法o

1. 沙虾剪掉长须、洗净后，置于汤锅（或内锅）中，将当归、红枣、枸杞子、米酒与姜片、水一起放入汤锅（或内锅）中。
2. 电锅外锅加入1杯水（材料外），放入汤锅，盖上锅盖，按下开关，蒸至开关跳起。
3. 取出沙虾后，再加入盐调味即可。

## Tips.料理小秘诀

　　这款菜品用微波炉料理也很美味，做法1至做法2同电锅做法；用保鲜膜封好留一点缝隙，放入微波炉中，以大火微波4分钟后取出，撕去保鲜膜，再加盐调味即可。

# 盐水虾

材料o

| | |
|---|---|
| 草虾 | 350克 |
| 葱 | 2根 |
| 姜 | 25克 |
| 水 | 2大匙 |

调味料o

| | |
|---|---|
| 盐 | 1小匙 |
| 米酒 | 1小匙 |

做法o

1. 草虾剪掉长须洗净置于盘中；葱洗净切成段；姜洗净切片，备用。
2. 将葱段与姜片铺于草虾上。
3. 将水、盐、米酒混合后淋至草虾上。
4. 放入电锅中，外锅加入1/2杯水，蒸至跳起后取出即可。

Tips. **料理小秘诀**

盐水虾的盐用量不需要太多，一点点盐就可将鲜虾的甜味引出来，吃到虾最原始的鲜甜。若不小心蒸太多吃不完也不需担心，因为本身的调味不会过重，所以还可以另外炒过加热或剥壳做成别的虾类料理。

**虾蟹类**

料理篇

# 蒜泥虾

### 材料o

草虾········· 250克
蒜泥········· 2大匙
葱花··········10克
水 ···········1大匙
开水··········1小匙

### 调味料o

米酒··········1小匙
酱油··········1大匙
白砂糖········1小匙

### 做法o

1. 草虾剪掉长须后洗净，用刀在虾背由虾头直剖至虾尾处，但腹部不切断，且留下虾尾不摘除。
2. 将草虾肠泥去除洗净后，排放至盘子上备用。
3. 酱油、白砂糖、开水混合成酱汁备用。
4. 蒜泥、水与米酒混合后，淋至草虾上，放入电锅中，外锅加入1/2杯水，蒸至跳起后取出，淋上酱汁，撒上葱花即可。

# 丝瓜蒸虾

### 材料o

丝瓜··············1条
（约250克）
虾仁··········100克
姜丝···········10克
水 ·············1大匙

### 调味料o

A.盐········ 1/4小匙
　白砂糖···· 1/2小匙
　米酒········ 1小匙
B.香油········ 1小匙

### 做法o

1. 用刀刮去丝瓜表面粗皮，洗净后对剖成4瓣，除去带籽部分后，切成小段，排放至盘上；虾仁洗净后，备用。
2. 将虾仁摆在丝瓜段上，再将姜丝排放于虾仁上，将水和调味料A调匀淋上后，用保鲜膜封好。
3. 电锅外锅加入1/2杯水，放入蒸架后，将虾仁放置架上，盖上锅盖，按下开关，蒸至开关跳起，取出后淋上香油即可。

# 豆腐虾仁

材料o

豆腐·················200克
虾仁·················150克
葱花·················20克
姜末·················10克

调味料o

A.盐·················· 1/4小匙
 鸡精·············· 1/4小匙
 白砂糖············· 1/4小匙
B.淀粉·············· 1大匙
 香油·············· 1大匙

做法o

1. 虾仁挑去肠泥、洗净沥干水分，用刀背拍成泥，加入葱花、姜末及调味料A搅拌均匀，再加入调味料B，拌匀后成虾浆，冷藏备用。

2. 豆腐切成10块厚约1厘米的长方形，平铺于盘上，表面撒上一层薄薄的淀粉（材料外）。

3. 将虾浆平均置于豆腐块上，均匀地抹成小丘状，重复至材料用毕。

4. 电锅外锅加入1/2杯水，放入蒸架后，将豆腐块整盘放置架上，盖上锅盖，按下开关蒸至开关跳起即可。

## Tips.料理小秘诀

此道菜用微波炉料理也很美味，做法1至做法3同电锅做法；在做好的豆腐上淋上60毫升鸡高汤（材料外），封上保鲜膜，放入微波炉中以大火微波4分钟后取出，撕去保鲜膜即可。

虾蟹类

料理篇

# 枸杞子蒸鲜虾

**材料o**
草虾·········· 200克
枸杞子········ 1大匙
姜················ 10克
蒜仁············· 3粒
葱················ 1根

**调味料o**
米酒·········· 2大匙
盐················ 少许
白胡椒粉······ 少许
香油·········· 1小匙

**做法o**
1. 将草虾以剪刀剪去脚与须，再于背部划刀，去肠泥，洗净备用。
2. 把姜洗净切丝；蒜仁洗净切片；葱洗净切碎；枸杞子泡入水中至软备用。
3. 取一容器，放入全部材料和调味料，搅拌均匀备用。
4. 取一圆盘，将草虾排整齐，再加入做法3的所有材料，用耐热保鲜膜将盘口封起来。
5. 将做法4的盘子放入电锅中，于外锅加入1杯水，蒸约12分钟即可。

# 萝卜丝蒸虾

**材料o**
虾仁··········· 150克
白萝卜········ 50克
红辣椒·········· 1个
葱················ 1根
水·············· 1大匙

**调味料o**
A.蚝油········· 1小匙
　 酱油········· 1小匙
　 白砂糖······ 1小匙
　 米酒········· 1小匙
B.香油········· 1小匙

**做法o**
1. 虾仁洗净后，排放盘上；白萝卜、葱、红辣椒洗净切丝，备用。
2. 将白萝卜丝与红辣椒丝排放于虾仁上，再将水和调味料A调匀后淋上。
3. 电锅外锅加入1/2杯水，放入蒸架后，将虾仁放置架上，盖上锅盖，按下开关，蒸至开关跳起，取出后将葱丝撒至虾仁上，再淋上香油即可。

# 鲜虾蒸嫩蛋

## 材料o
虾仁·····························150克
鸡蛋·····························3个
干香菇···························3朵

## 装饰材料o
葱末·····························适量
豆苗·····························3根

## 调味料o
鸡精·····························1小匙
水 ·························· 300毫升
盐 ······························适量
白胡椒粉·························适量

## 做法o
1. 虾仁洗净；干香菇泡水至软切片；鸡蛋均匀打散、倒入容器中，加入所有的调味料拌匀。
2. 将蛋液以筛网过筛后倒入小碗中（如图1），并将香菇片放入。
3. 封上保鲜膜，放入电锅中（如图2）（外锅加1杯水）蒸至半熟。
4. 撕开保鲜膜，放上虾仁后再封上保鲜膜（如图3），放回电锅（外锅加1/2杯水）蒸至开关跳起，取出后撒上葱末和豆苗装饰即可。

## Tips.料理小秘诀
　　将打匀的蛋液以细网过筛，可去除蛋液中多余的空气，让蒸出来的蛋外表美观，口感也更滑顺。

虾蟹类

料理篇

# 鲜虾蛋皮卷

| 材料〇 | | 调味料〇 | |
|---|---|---|---|
| 虾仁 | 150克 | 蛋清 | 1个 |
| 去皮荸荠 | 50克 | 盐 | 少许 |
| 葱 | 1根 | 白胡椒粉 | 少许 |
| 蒜仁 | 1粒 | 香油 | 1小匙 |
| 蛋黄 | 3个 | | |
| 蛋清 | 1个 | | |

做法〇

1. 将材料中的蛋黄和蛋清混合拌匀后，倒入平底锅中煎成3张蛋皮。
2. 虾仁洗净，再将虾仁切成碎末；去皮荸荠、葱、蒜仁均洗净切成碎末，备用。
3. 取1只容器，加入做法2的所有材料和所有调味料，混合搅拌均匀。
4. 取出1张蛋皮，加入适量做法3的馅料包卷起来，再于蛋皮外包裹上一层保鲜膜，重复上述步骤至材料用毕。
5. 将做法4的材料放入电锅中，外锅加入1杯水，蒸至开关跳起，取出撕去保鲜膜后，切片盛盘即可。

# 包心菜虾卷

| 材料〇 | | 调味料〇 | |
|---|---|---|---|
| 包心菜 | 1颗 | A.盐 | 1/4小匙 |
| 虾仁 | 150克 | 鸡精 | 1/4小匙 |
| 葱花 | 20克 | 白砂糖 | 1/4小匙 |
| 姜末 | 10克 | B.淀粉 | 1大匙 |
| | | 香油 | 1大匙 |

做法〇

1. 包心菜挖去心后，将叶一片一片取下，尽量保持完整不要弄破，取下约6片后，洗净，用沸水氽烫约1分钟，再取出浸泡冷水。
2. 将包心菜叶沥干水分，用刀背将较硬的叶茎处拍破，便于弯曲备用。
3. 虾仁挑去肠泥洗净，用刀背拍成泥。
4. 虾泥中加入葱花、姜末及调味料A拌匀，再加入淀粉及香油拌匀后成虾浆，冷藏备用。
5. 将包心菜叶摊开，将虾浆平均置于叶片1/3处，卷成长筒状后排放于盘子上，重复此做法至材料用毕。
6. 电锅外锅加入1杯水，放入蒸架后，将做法5的包心菜卷整盘放置架上，盖上锅盖，按下开关，蒸至开关跳起即可。

# 香菇镶虾浆

### 材料o

鲜香菇 ………… 6朵
（约150克）
虾仁 …………150克
葱花 ………… 20克
姜末 …………10克

### 调味料o

A.盐 ……… 1/4小匙
　鸡精 …… 1/4小匙
　白砂糖… 1/4小匙
B.淀粉 ……… 1大匙
　香油 ……… 1大匙

### 做法o

1. 虾仁挑去肠泥、洗净、沥干水分，
   用刀背拍成泥，加入葱花、姜末及
   调味料A搅拌均匀，再加入淀粉及
   香油，拌匀后成虾浆，冷藏备用。
2. 鲜香菇泡水约5分钟后，挤干水
   分，平铺于盘上、底部向上，再撒
   上一层薄薄的淀粉（材料外）。
3. 将虾浆平均置于鲜香菇上，均匀
   地抹成小丘状，重复此做法至材料
   用毕。
4. 电锅外锅加入1/2杯水，放入蒸架
   后，将香菇整盘放置架上，盖上
   锅盖，按下开关，蒸至开关跳起
   即可。

Tips.**料理小秘诀**

喜欢鲜虾煮熟后脆脆
口感的读者，可以不将虾
拍得太碎，以免失去口
感。另外虽然干香菇香气
充足，但是因为这里是用
蒸的做法，所以建议用肉
厚的鲜香菇，价格也比干
香菇便宜。

虾蟹类

料
理
篇

# 焗烤大虾

### 材料o
草虾………… 4只
（约200克）
奶酪丝 ……… 适量
巴西里碎……… 适量

### 调味料o
奶油白酱…… 2大匙
（做法请见P68）
蛋黄…………… 1个

### 做法o
1. 调味料混合拌匀备用。
2. 草虾剪去虾头最前端处，从背部纵向剪开（不要完全剪断），去肠泥，洗净沥干，排入盘中，淋上做法1的调味料、撒上适量的奶酪丝。
3. 放入预热好的烤箱中，以上火250℃、下火150℃烤约5分钟至表面呈金黄色。
4. 取出后撒上适量的巴西里碎即可。

# 焗烤奶油小龙虾

材料o

小龙虾 ………… 4只
（约250克）
蒜仁 …………… 2粒
葱 ……………… 2根
奶酪丝 ………… 35克
巴西里 ………… 适量

调味料o

奶油 …………… 1大匙
盐 ……………… 少许
白胡椒粉 ……… 少许

做法o

1. 先将小龙虾纵向剖开成2等份，洗净备用。
2. 蒜仁切末；葱和巴西里洗净后切碎末备用。
3. 将蒜末和葱碎放入小龙虾的肉身上，再放入混合拌匀的调味料，撒上奶酪丝，排放入烤盘中。
4. 放入200℃的烤箱中烤约10分钟取出盛盘，再撒上巴西里碎即可。

## Tips.料理小秘诀

　　带壳的鲜虾在烹调的过程中较不容易缩水，但也较不易熟和入味，在做这类焗烤料理的时候要记得将虾壳剖开，这样不仅在烤的时候能让调味料与虾肉结合，虾肉也较易熟。

虾蟹类

料理篇

# 盐烤虾

### 材料o
沙虾·········· 300克
葱段·········· 10克
姜片·········· 5克

### 调味料o
盐·········· 3大匙
米酒·········· 1大匙

### 做法o
1. 沙虾去须、头尾尖刺，洗净沥干水分。
2. 将沙虾、葱段、姜片、米酒拌匀腌约10分钟备用。
3. 将沙虾用竹签串好，撒上盐，放入已预热的烤箱，以200℃烤约10分钟即可。

## Tips. 料理小秘诀
沙虾插入竹签是为了避免虾烤熟后卷起。

# 清蒸花蟹

### 材料o

花蟹·······················2只
（约250克）
姜片·······················60克
葱段·······················50克
米酒·······················30毫升
水·························300毫升
姜丝·······················适量

### 调味料o

白醋·······················60毫升

### 做法o

1. 将花蟹外壳和蟹钳洗干净。
2. 取锅，锅中加入姜片、葱段、米酒和水，再放上蒸架，将水煮至滚沸。
3. 待水滚沸后，放上花蟹，蒸约15分钟。
4. 将白醋和姜丝混合，食用花蟹时蘸取即可。

## Tips.料理小秘诀

食材若够新鲜，用清蒸的方式料理最简单方便且最能吃到食材的原味。食用前要将鳃及内脏处理干净，除了内脏不宜食用外，若是没有将内脏去除干净，食用时容易有腥臭味，影响蟹肉本身的鲜美味道。

虾蟹类

料理篇

# 青蟹米糕

## 材料o

青蟹·······················1只
（约250克）
糯米·······················150克
虾米·······················1大匙
香菇丝（泡发）···········50克
红葱头·····················50克
水·························100毫升
姜片·······················3片
葱段·······················适量

## 调味料o

五香粉·····················1/2小匙
酱油·······················1小匙
盐·························1/2小匙
鸡精·······················1/2小匙
白砂糖·····················1小匙
白胡椒粉···················1小匙
香油·······················1小匙

## 做法o

1. 糯米泡水2小时后洗净沥干；红葱头洗净切片。
2. 取锅，倒入2大匙色拉油加热，放入红葱头片，以小火炸至红葱头片呈金黄色后熄火，倒出过滤油（红葱酥和红葱油皆保留）。
3. 取蒸笼，铺上纱布，放入糯米，以中火蒸约15分钟。
4. 取锅，倒入红葱油、虾米和泡发的香菇丝，以小火炒约3分钟后加入所有调味料、水和红葱酥拌炒均匀，煮约5分钟。
5. 将蒸好的糯米放入做法4的材料中拌匀，盛入盘中（如图1）。
6. 将青蟹处理干净，与姜片、葱段一起摆入蒸盘中（如图2），以中火蒸约8分钟后取出；将蒸熟的青蟹切成小块，再连同汤汁一起放至做法5的材料上，放入蒸笼，以中火再蒸5分钟即可。

# 奶油烤螃蟹

### 材料o

螃蟹…………………1只
（约200克）
洋葱丝 ……… 20克
葱段…………………10克

### 调味料o

米酒…………… 1大匙
盐 ………… 1/4小匙
奶油…………… 1大匙

### 做法o

1. 螃蟹处理干净后洗净、切大块，备用。
2. 将铝箔纸铺平，先放上葱段、洋葱丝，再摆上螃蟹块、所有调味料后包起，备用。
3. 烤箱预热至180℃，放入做法2的铝箔包烤约15分钟后取出即可。

### Tips.料理小秘诀

　　雄蟹秋季较肥美，雌蟹则是冬季较好吃，也可只单买肉质较多的蟹脚。通常可加上洋葱、葱段一起烤，这样可以去腥。

虾蟹类

料
理
篇

# 焗烤咖喱蟹

### 材料o

螃蟹2只（约300克）、盐少许、面粉适量、橄榄油1大匙、洋葱丝适量、红甜椒丝适量、高汤200毫升

### 调味料o

咖喱酱4大匙、奶酪丝100克

### 做法o

1. 螃蟹处理干净再洗净切块，在表面撒盐后裹一层面粉备用。
2. 取锅，将螃蟹块放入油温为160℃的油锅中，以小火炸熟后捞起沥油备用。
3. 取平底锅，放入橄榄油烧热后，加入洋葱丝、红甜椒丝以小火炒软。
4. 将螃蟹块、咖喱酱、高汤分别倒入锅中略拌炒过后，倒入烤盘中，再撒上一层奶酪丝，即为半成品的焗烤咖喱蟹。
5. 预热烤箱至180℃，将半成品的焗烤咖喱蟹放入烤箱中，烤10~15分钟至表面金黄即可。

# 啤酒烤花蟹

### 材料o

| | |
|---|---|
| 啤酒 | 200毫升 |
| 花蟹 | 2只 |
| （约250克） | |
| 洋葱丝 | 60克 |
| 葱段 | 30克 |

### 调味料o

| | |
|---|---|
| 奶油 | 30克 |
| 盐 | 5克 |
| 白胡椒粉 | 3克 |

### 做法o

1. 将花蟹鳃及内脏处理好后洗净，备用。
2. 烤箱以200℃预热5分钟。
3. 取锡箔盘，用洋葱丝、葱段铺底，再放入花蟹。
4. 淋入啤酒，放入奶油、盐和白胡椒粉调味，然后将锡箔盘以锡箔纸包紧，再放入预热好的烤箱中，以200℃烤约25分钟即可。

# 豆乳酱虾仁

**材料o**

| | |
|---|---|
| 草虾 | 180克 |
| 淀粉 | 10克 |
| 水 | 10毫升 |

**面糊材料o**

| | |
|---|---|
| 低筋面粉 | 60克 |
| 糯米粉 | 30克 |
| 水 | 120毫升 |
| 盐 | 3克 |

**调味料o**

| | |
|---|---|
| 豆腐乳 | 40克 |
| 美乃滋 | 50克 |
| 米酒 | 10毫升 |
| 白砂糖 | 10克 |
| 花生碎 | 10克 |

**做法o**

1. 将面糊材料混合拌匀备用。
2. 草虾去壳留尾，洗净后先沾淀粉，再裹上做法1的面糊，放入热油锅中炸熟，捞起沥油、盛盘备用。
3. 将水和调味料（花生碎先不加入）全部混合拌匀成酱汁后，淋入炸好的草虾中拌匀，再撒上花生碎即可。

**Tips. 料理小秘诀**

虾仁虽然食用方便，但常常因为经过高温加热后缩水使得体积变小。可以在油炸前于虾仁的背部先划刀再沾裹面糊，如此就可以避免虾仁烹煮后过度缩水了。

虾蟹类

料理篇

# 龙虾沙拉

<u>材料o</u>

冷冻熟龙虾 ·················1只
包心菜丝 ·················80克

<u>调味料o</u>

美乃滋 ·················· 1小包

<u>做法o</u>

1. 将冷冻龙虾解冻，待解冻
   后取下龙虾头，用剪刀将
   虾腹部的软壳顺着边缘剪
   下，取下龙虾肉，龙虾硬
   壳留用。
2. 包心菜丝装盘垫底。龙虾
   肉切成薄片铺于包心菜丝
   上，再挤上美乃滋。
3. 将龙虾头及虾身摆至盘上
   装饰即可。

Tips.**料理小秘诀**

　　新鲜的龙虾虽然鲜甜美
味，但是保鲜不易、价格偏
高，若不想花费太多，可以
选用冷冻的熟龙虾，省去了
事前的氽烫处理，只要解冻
后就可以食用，搭配美乃滋
风味更佳。

# 水果海鲜沙拉盅

材料o

水果丁 ……… 60克
虾仁………… 60克
鱿鱼丁 ……… 60克
生菜叶 ………… 1片

调味料o

美乃滋 ……… 50克

做法o

1. 虾仁、鱿鱼丁用滚水汆烫熟后，捞出泡入凉开水中至凉，再捞起备用。
2. 将水果丁、美乃滋和虾仁、鱿鱼丁一起拌匀备用。
3. 将做法2的材料摆放于洗净的生菜叶上装盘即可。

注：水果丁的种类可依个人喜好准备；亦可摆放些苜蓿芽、莴苣等装饰。

虾蟹类

料理篇

# 泰式凉拌生虾

**材料o**

草虾·············200克
蒜末·············20克
姜末·············20克
红辣椒·············1个
罗勒·············适量
柠檬·············1/4个

**调味料o**

鱼露·············2小匙
甘味酱油·············2小匙

**做法o**

1. 草虾拔除头部与外壳，用菜刀顺着背部往下切开，但不切断身体，并清除肠泥，再以凉开水洗净，平翻置于盘上。
2. 红辣椒洗净切末，与姜末、蒜末混合拌入碗中，加入鱼露、甘味酱油拌匀。
3. 将酱汁淋在虾肉身上，挤上柠檬汁，并用罗勒装饰即可。

**Tips.料理小秘诀**

凉拌生虾一定要使用新鲜活虾，切勿生吃死虾或不新鲜的冷冻虾，以免对身体健康产生影响。

# 姜汁拌虾丁

**材料o**

大虾仁·······200克
竹笋·············1根
（约200克）
老姜·············50克

**调味料o**

盐·············1/2小匙
香油·············1小匙
白胡椒粉···1/4小匙

**做法o**

1. 竹笋洗净切去笋尖，放入锅内，加水淹过竹笋，以小火煮约30分钟，熄火取出后冲冷水至凉，去皮切丁备用。
2. 煮一锅滚沸的水，放入大虾仁烫熟后捞起，切丁备用。
3. 老姜洗净去皮，以研磨器磨成姜泥，去渣留姜汁备用。
4. 将竹笋丁、虾仁丁、姜汁以及所有调味料一起拌匀即可。

# 艳红海鲜盅

## 材料o

沙虾·············20克
墨鱼片·········20克
芦笋·············2根
西红柿·········1个
（约200克）
苜蓿芽·········少许
黄卷须生菜····适量

## 调味料o

美乃滋·········20克

## 做法o

1. 将沙虾和墨鱼片洗净，放入滚水中煮熟后捞起、放凉备用。
2. 芦笋洗净后放入煮沸的盐水（材料外）中氽烫，再捞起泡入冷水中至凉，捞起备用。
3. 西红柿洗净，先挖除根蒂，再将籽与果肉稍加清理干净备用。
4. 将挖空的西红柿内填入做法1和做法2的所有材料及苜蓿芽后，挤上美乃滋，最后放置在黄卷须生菜铺底的盘上即可。

虾蟹类

料
理
篇

# 酸辣芒果虾

| 材料o | | 调味料o | |
|---|---|---|---|
| 虾仁 | 200克 | 辣椒粉 | 1/6小匙 |
| 小黄瓜 | 40克 | 柠檬汁 | 1小匙 |
| 红甜椒 | 40克 | 盐 | 1/6小匙 |
| 芒果（去皮） | 80克 | 白砂糖 | 1小匙 |

做法o

1. 小黄瓜、红甜椒、芒果洗净切丁；虾仁洗净烫熟后放凉，备用。
2. 将做法1的所有材料放入碗中，加入所有调味料拌匀即可。

**Tips.料理小秘诀**

最好选购新鲜虾，洗净后放入滚沸的水中稍微氽烫至外壳变红即捞出，剥壳去肠泥后，再氽烫至虾仁熟透，马上捞出泡入冰水中，可以让虾仁口感更好。

# 香芒鲜虾豆腐

| 材料o | | 调味料o | |
|---|---|---|---|
| 沙虾 | 3只 | 芒果丁 | 20克 |
| 鸡蛋豆腐 | 1块 | 香菜碎 | 5克 |
| （约250克） | | 红辣椒碎（去籽） | 5克 |
| | | 柠檬汁 | 60毫升 |
| | | 橄榄油 | 180毫升 |
| | | 盐 | 适量 |
| | | 白胡椒粉 | 适量 |

做法o

1. 取盘，将鸡蛋豆腐洗净后切四方形，排盘备用。
2. 沙虾去肠泥洗净，用滚水氽烫至熟后捞起、去壳，排放于豆腐上备用。
3. 取碗，放入所有调味料拌匀后，淋于虾仁上即可。

# 凉拌虾仁葡萄柚

### 材料o

虾仁…………120克
葡萄柚…………1个
（约500克）
香菜…………少许

### 调味料o

橄榄油……30毫升
柠檬汁……10毫升
盐……………适量
白胡椒粉……适量

### 做法o

1. 虾仁去肠泥洗净，放入滚水中后马上熄火，让其浸泡至熟，再取出以凉开水冲凉、捞起备用。
2. 葡萄柚洗净、去皮，剥成瓣；香菜洗净摘取叶片备用。
3. 取碗，放入所有调味料一起混匀备用。
4. 取调理盆，放入虾仁、葡萄柚与调味汁一起混合后盛盘，最后撒上香菜碎即可。

# 日式翠玉鲜虾卷

### 材料o

沙虾··········200克
白菜··········1颗
（约250克）
绿豆芽········30克
芦笋··········2根
凉开水······10毫升

### 调味料o

味噌··········50克
白醋··········10毫升
香油··········10毫升
白砂糖········10克

### 做法o

1. 白菜一片片剥开后洗净备用。
2. 白菜用滚水汆烫至熟，再捞起沥干水分；绿豆芽、芦笋洗净后用滚水汆烫至熟，捞起泡冰开水，使其保持清脆备用。
3. 沙虾去肠泥洗净，用滚水煮熟后再去壳备用。
4. 取盘，将白菜铺于盘上，再依序放上绿豆芽、芦笋和沙虾，将白菜卷起固定后切成约3厘米长的段摆盘。
5. 取碗，放入凉开水和所有调味料混合均匀，淋于白菜卷上即可。

# 酸奶咖喱虾

材料o
沙虾…………120克
香菜…………… 5克

调味料o
原味酸奶…80毫升
咖喱粉………… 5克
辣椒粉………适量
柠檬汁………少许

做法o

1. 将沙虾洗净后放入滚水中氽烫，再取出泡于冰开水中至凉，捞起去头、去壳，留尾备用。
2. 取碗，放入咖喱粉、辣椒粉、柠檬汁及原味酸奶混合均匀备用。
3. 将沙虾与做法2的酱汁搅拌均匀盛盘，撒上香菜即可。

# 鲜虾木瓜盘

材料o
沙虾…………120克
木瓜……………1块
（约150克）
生菜………… 30克
巴西里碎……… 5克

调味料o
千岛沙拉酱 … 50克

做法o

1. 沙虾洗净，用滚水氽烫至熟后取出，以凉开水冲凉后去壳备用。
2. 木瓜洗净后切长条，再去籽、去皮；生菜洗净、切丝备用。
3. 取盘，将木瓜条放入，把生菜丝放于木瓜肉上，再放上沙虾，均匀挤上千岛沙拉酱，最后撒上巴西里碎即可。

虾蟹类
料
理
篇

# 凉拌蟹肉

### 材料o

生蟹肉 ……… 200克
小黄瓜 ……… 30克
胡萝卜 ……… 30克
鱼板 ………… 30克
红辣椒 ……… 20克
巴西里碎 …… 少许

### 调味料o

白胡椒 ……… 少许
香油 ………… 20毫升
鸡精 ………… 5克
盐 …………… 少许

### 做法o

1. 将生蟹肉放入滚水中汆烫熟后取出，泡入冰开水中至凉，捞起备用。

2. 小黄瓜、胡萝卜及鱼板皆洗净、切小方块，并放入滚水中汆烫，再取出泡入冰开水中至凉，捞起沥干；红辣椒洗净、切成小方块备用。

3. 取调理盆，放入做法1、做法2的所有材料，再加入所有调味料一起搅拌均匀后盛盘，放上巴西里碎装饰即可。

# 呛蟹

材料o

螃蟹…………… 2只
（约450克）
葱 ………………… 1根
姜 ………………… 10克
花椒粉 ………… 1小匙

调味料o

香酒汁 ……… 适量
（以可以完全浸泡
食材为原则）

做法o

1. 将蟹盖打开，去鳃洗净备用。
2. 把蟹摆放在容器中。
3. 葱、姜洗净拍松，与花椒粉一起放在蟹上，
   并倒入香酒汁浸泡，约3天后即可食用。

● 香酒汁 ●

材料：
A.陈年绍兴酒200毫升
B.鸡高汤50毫升、盐1/2小匙、味精1/2小
匙、白砂糖1/4小匙、当归1片、枸杞子1
小匙
做法：
（1）将当归剪碎备用。
（2）将材料B放入汤锅中煮开，即可关火。
（3）待汤凉后，倒入材料A即可。

# 蟹肉苹果土豆沙拉

材料o

蟹肉…………… 60克
苹果……………… 1个
（约300克）
土豆………… 120克
西芹………… 20克
黄卷须生菜 ……2片

调味料o

美乃滋 ……… 50克

做法o

1. 蟹肉用滚水汆烫至熟，捞出冷却备用。
2. 苹果洗净对切，取半个削皮、去籽后切丁；
   西芹洗净、切丁备用。
3. 土豆洗净，放入电锅中蒸熟后取出放凉，再
   去皮、切丁备用。
4. 取调理盆，放入做法1、做法2、做法3的所
   有材料一起混合，再加入美乃滋拌匀，盛入
   摆有另外半个苹果的盘中，最后用黄卷须生
   菜装饰即可。

虾蟹类

料
理
篇

# 贝类料理 篇

　　文蛤、蚬和海瓜子，还有大多数人爱吃的牡蛎、料理不可缺少的干贝，都是现在市场上很容易买到的贝类。不论是吃火锅、烧烤、热炒、还是小吃，都可以见到这些贝类的踪迹，尤其是许多海鲜餐厅，更是将牡蛎、干贝列为高级食材。

　　贝类有着好吃、易熟的特色，但是因为其生长环境的关系，其壳里很容易会夹带着细沙而影响美味，因此料理前的处理步骤可以说是相当重要。如何才能将贝类料理做得好？赶紧跟着大厨学私房料理秘诀，轻松上菜吧！

# 贝类的挑选、处理诀窍大公开

## 怎么挑选新鲜贝类

**Step 1** 观察贝类在水中的样子，如果在水中壳微开，且会冒出气泡，再拿出水面，壳就会立刻紧闭，说明是很新鲜的状态；而不新鲜的贝类放在水中没有气泡冒出，且拿出水面壳也无法闭合。

**Step 2** 观察其外壳有无裂痕、破损。若没有受外力撞击，新鲜贝类的外壳应该是完整无缺的。

**Step 3** 拿2个互相轻敲，新鲜的贝类应发出清脆的声音；若声音沉闷就表示已经不新鲜了，不要购买。

## 牡蛎完美清洗技术大公开

**处理方法**
1. 取容器，放入牡蛎和盐。
2. 用手轻轻抓拌均匀。
3. 将牡蛎用流动的清水冲洗干净。
4. 仔细挑出粘在牡蛎身上的细小壳即可。

贝类这种带壳海鲜可不像鱼或软管类摸一摸、压一压就能知道新不新鲜，要正确地选到新鲜又美味的贝类海鲜，可是有诀窍的。掌握好有效的挑选法，就能轻松挑选到你想要的新鲜贝类了。

# 贝类处理步骤

1 取1盆干净水，于水中加入少许盐。

2 将贝类放入加盐的水中。

3 让贝类泡在水中静置吐沙。

4 拿2个贝类互相轻敲，新鲜者会有清脆的声音。

5 不新鲜的贝类口不会闭合，且会有腥臭味。

6 将吐完沙、挑选过的贝类洗净。

## 尝鲜保存小妙招

购买前先询问卖家，贝类是海生还是淡水养殖的。若是生长在海水中的贝类，要用加了少许盐的冷水浸泡约2小时，使其吐沙干净，再沥干水分，放入冰箱冷藏，如此贝类可存活5~7天；而淡水养殖的贝类则以清水浸泡2小时，使其吐沙干净后，换干净的清水浸泡置于阴凉处，贝类可存活4~5天。只是没有摄饵的贝类在存放数天以后，其肉质会变紧。

# 炒蛤蜊

### 材料o

蛤蜊…………150克
葱 ………………1根
蒜仁…………… 3粒
红辣椒 ………1/2个
罗勒叶 ………10克

### 调味料o

白砂糖 ………1小匙
酱油膏 ………2大匙

### 做法o

1. 蒜仁洗净切末；红辣椒洗净切圆片；葱洗净切小段；蛤蜊泡水吐沙；罗勒叶洗净，备用。
2. 热锅倒入适量油，放入蒜末、红辣椒片、葱段爆香。
3. 加入蛤蜊后盖上锅盖，焖至蛤蜊壳打开，再加入所有调味料炒匀。
4. 加入罗勒炒熟即可。

# 辣酱炒蛤蜊

**材料o**

蛤蜊…………300克
葱段…………30克
姜片…………30克
红辣椒…………1个
罗勒…………30克
橄榄油………1大匙

**调味料o**

泰式辣味鸡酱1小匙
鱼露…………1小匙
米酒…………1大匙
白砂糖………1小匙

**做法o**

1. 将蛤蜊放入盐水中吐沙，洗净；红辣椒洗净切斜片备用。
2. 取锅烧热后加入橄榄油，放入葱段、姜片、红辣椒片爆香，再加入泰式辣味鸡酱、鱼露、蛤蜊以大火拌炒。
3. 加入米酒及白砂糖，等蛤蜊开口时再加入罗勒拌炒一下即可。

---

# 蚝油炒蛤蜊

**材料o**

蛤蜊…………500克
姜……………20克
红辣椒………2个
蒜仁…………6粒
罗勒…………20克
葱段…………适量

**调味料o**

A.蚝油………2大匙
　白砂糖…1/2小匙
　米酒………1大匙
B.水淀粉……1小匙
　香油………1小匙

**做法o**

1. 将蛤蜊用清水洗净；罗勒挑去粗茎并用清水洗净沥干；姜洗净切丝；蒜仁洗净切末；红辣椒洗净切片。
2. 取锅烧热后加入1大匙色拉油，先放入姜丝、蒜末、红辣椒片爆香，再将蛤蜊及所有调味料A放入锅中，转中火略炒匀。
3. 待煮开后偶尔翻炒几下，炒至蛤蜊大部分开口后，转大火炒至水分略干，最后用水淀粉勾芡，再放入罗勒、葱段及香油略炒几下即可。

贝类料理篇

# 罗勒炒海瓜子

### 材料o

罗勒…………… 50克
海瓜子……… 300克
红辣椒………1/2个
蒜末………1/2小匙
水…………1/2碗

### 调味料o

A.酱油膏…… 1大匙
　乌醋………1小匙
　白砂糖…1/2小匙
B.水淀粉…… 1小匙

### 做法o

1. 将吐过沙的海瓜子洗净；罗勒摘去老梗洗净；红辣椒洗净切片，备用。

2. 热锅，倒入 1 小匙油，放入蒜末、红辣椒片爆香，放入海瓜子略炒，再加入水、调味料A，盖上锅盖焖至海瓜子开口。

3. 加入水淀粉勾芡，再加入罗勒拌匀即可。

## Tips.料理小秘诀

　　要让海瓜子快速炒熟，可以略炒后盖上锅盖，不要一直拌炒，这样会使海瓜子受热不均匀，反而不容易熟，也可能会在拌炒的过程中，让已经打开的海瓜子的肉被炒得掉下来。

# 香啤海瓜子

## 材料o

海瓜子 …… 250克
啤酒 …… 200毫升
蒜末 …… 20克
红辣椒末 …… 10克
姜末 …… 15克
罗勒 …… 适量

## 调味料o

盐 …… 适量
白胡椒粉 …… 适量

## 做法o

1. 海瓜子吐沙完成后洗净备用。
2. 取炒锅烧热，加入色拉油，放入蒜末、红辣椒末和姜末爆香。
3. 加入海瓜子快炒，再加入啤酒、盐和白胡椒粉翻炒后，加盖焖至海瓜子开口，放上罗勒装饰即可。

贝类
料
理
篇

# 罗勒蚬

### 材料o

罗勒叶 ········· 20克
蚬 ·············· 250克
小西红柿 ······· 6个
蒜末 ·········· 20克

### 调味料o

米酒 ·········· 20毫升
酱油膏 ········· 50克
番茄酱 ········· 20克

### 做法o

1. 蚬吐沙完成后洗净备用。
2. 小西红柿洗净，分别对剖成2等份。
3. 取炒锅烧热，加入色拉油，炒香蒜末和小西红柿。
4. 加入蚬翻炒后，再加入米酒、酱油膏和番茄酱翻炒均匀，加盖焖至蚬开口，再加入罗勒叶略翻炒即可。

# 醋辣香炒蚬

### 材料o

蚬 ·············· 600克
西红柿 ········· 250克
红辣椒片 ······· 30克
芹菜 ·········· 20克
姜片 ·········· 30克
蒜末 ·········· 20克

### 调味料o

盐 ·············· 1小匙
白砂糖 ········· 1小匙
米酒 ·········· 1大匙
乌醋 ·········· 1大匙
酱油 ·········· 1小匙
辣油 ·········· 2大匙

### 做法o

1. 蚬吐沙完成后洗净备用。
2. 将西红柿、芹菜洗净，切成小丁备用。
3. 热锅加入1大匙油，先爆香姜片、蒜末、红辣椒片，再加入所有调味料、蚬、西红柿丁与芹菜丁后，快速拌炒均匀至蚬全开即可。

# 豆豉炒牡蛎

## 材料o

嫩豆腐········400克
牡蛎肉········250克
豆豉···········10克
蒜苗碎··········适量
蒜碎·············适量
红辣椒碎·······适量

## 调味料o

A.酱油膏······2大匙
　白砂糖······1小匙
　米酒········1小匙
B.香油········1小匙

## 做法o

1. 牡蛎肉洗净，放入滚水中汆烫、捞起沥干；嫩豆腐切丁备用。
2. 热锅，加入适量色拉油，放入蒜苗碎、蒜碎、红辣椒碎、豆豉炒香，再加入牡蛎肉、豆腐丁及所有调味料A拌炒均匀，起锅前加入香油拌匀即可。

贝类
料理
篇

# 豆酱炒牡蛎

### 材料o

牡蛎肉 ……… 400克
韭菜花 ……… 150克
红辣椒 ……… 20克
蒜末 ………… 10克
姜末 ………… 10克

### 调味料o

豆酱 ………… 3大匙
白砂糖 ……… 1小匙
米酒 ………… 1大匙

### 做法o

1. 牡蛎肉洗净沥干水分；韭菜花洗净切细；红辣椒洗净切末，备用。
2. 热锅倒入2大匙油，放入蒜末、姜末爆香，放入豆酱炒香后，再放入牡蛎肉略炒。
3. 放入韭菜花、红辣椒末、白砂糖、米酒，一起炒至入味即可。

# 小白菜炒牡蛎

### 材料o

小白菜 ……… 200克
牡蛎肉 ……… 100克
鸡蛋 …………… 2个
葱 ……………… 2根
蒜仁 …………… 2粒
红辣椒 ………… 1个
地瓜粉 ……… 10克
橄榄油 ……… 1小匙

### 调味料o

酱油 ………… 1大匙
白砂糖 …… 1/2小匙
水 ………… 1/4杯
盐 ………… 1/4小匙

### 做法o

1. 牡蛎肉去杂质洗净，均匀沾裹地瓜粉备用。
2. 小白菜洗净切小段；鸡蛋打散；蒜仁洗净切片；葱洗净，葱白切段、葱绿切葱花；红辣椒洗净切末。
3. 煮一锅水，将牡蛎肉烫熟后，捞起沥干备用。
4. 不粘锅加热放油，爆香蒜片、红辣椒末、葱白段。
5. 放入蛋液炒至8分熟后，先取出。
6. 放入调味料煮滚后，放入牡蛎肉和做法5的炒蛋，起锅前放入小白菜段、葱花即可。

# 生炒鲜干贝

材料o

鲜干贝 ········160克
甜豆荚 ········ 70克
胡萝卜 ········15克
葱 ············1根
姜 ············10克
红辣椒 ········1个

调味料o

蚝油············ 1大匙
米酒············ 1大匙
水 ············50毫升
水淀粉 ········ 1小匙
香油············ 1小匙

做法o

1. 胡萝卜洗净去皮后切片；甜豆荚撕去粗茎洗净；葱洗净切段；红辣椒及姜洗净切片；鲜干贝洗净备用。
2. 鲜干贝放入滚水中余烫约10秒即捞出、沥干。
3. 热锅，加入1大匙色拉油，以小火爆香葱段、姜片、红辣椒片后，加入鲜干贝、甜豆荚、胡萝卜片及蚝油、米酒、水一起以中火炒匀。
4. 将做法3的食材再炒约30秒后，加入水淀粉勾芡，最后洒上香油即可。

# XO酱炒鲜干贝

材料o

鲜干贝 ········ 250克
四季豆 ········ 30克
红甜椒 ········1/3个
黄甜椒 ········1/3个
蒜仁············ 2粒
红辣椒 ········1/3个

调味料o

XO酱·········· 2大匙
盐 ·············· 少许
白胡椒粉········ 少许

做法o

1. 鲜干贝洗净，将水分沥干备用。
2. 四季豆择洗干净切片；红甜椒、黄甜椒洗净切菱形片；蒜仁、红辣椒洗净切片备用。
3. 炒锅中加入1大匙色拉油烧热，加入做法2的所有材料以中火翻炒均匀。
4. 加入鲜干贝和所有调味料翻炒均匀即可。

贝类
料理篇

# 沙茶炒螺肉

**材料o**

凤螺肉 ········ 240克
姜 ····················10克
红辣椒 ··············1个
蒜仁···············10克
罗勒············· 20克

**调味料o**

A.沙茶酱······ 1大匙
　盐········· 1/4小匙
　鸡精··· 1/4小匙
　白砂糖··· 1/4小匙
　料酒········ 1大匙
B.香油········ 1小匙

**做法o**

1. 把凤螺肉洗净放入滚水中汆烫约30秒，即捞出冲凉，备用。
2. 将罗勒挑去粗茎、洗净沥干，姜洗净切丝，蒜仁、红辣椒洗净切末，备用。
3. 烧热炒锅，加入1大匙色拉油，以小火爆香姜丝、蒜末及红辣椒末后，加入凤螺肉及所有调味料A，转中火持续翻炒至水分略干，再加入罗勒及香油略炒几下即可。

# 炒螺肉

**材料o**

螺肉···········100克
红辣椒 ········1/2个
葱 ·····················1根
蒜仁··············· 3粒
罗勒·············10克

**调味料o**

白砂糖 ········ 1小匙
米酒··········· 1大匙
乌醋··········· 1小匙
香油··········· 1小匙
酱油膏 ········ 1大匙
沙茶酱 ········ 1小匙

**做法o**

1. 螺肉洗净，放入油温为150 ℃的锅中稍微过油炸一下，捞起沥干备用。
2. 红辣椒洗净切圆片；葱洗净切小段；蒜仁洗净切末，备用。
3. 锅中留少许油，放入做法2的材料爆香，再加入螺肉及所有调味料拌炒均匀。
4. 放入罗勒炒熟即可。

# 罗勒凤螺

**材料o**

| | |
|---|---|
| 凤螺 | 150克 |
| 葱 | 1根 |
| 蒜仁 | 3粒 |
| 红辣椒 | 1/2个 |
| 罗勒 | 10克 |

**调味料o**

| | |
|---|---|
| 白砂糖 | 1小匙 |
| 乌醋 | 1小匙 |
| 米酒 | 1大匙 |
| 香油 | 1小匙 |
| 酱油膏 | 1大匙 |
| 沙茶酱 | 1小匙 |
| 白胡椒粉 | 少许 |

**做法o**

1. 凤螺洗净后，放入沸水中汆烫至熟，捞起沥干备用。
2. 葱洗净切小段；蒜仁洗净切末；红辣椒洗净切圆片，备用。
3. 热锅倒入适量油，放入葱段、蒜末、红辣椒片爆香。
4. 加入凤螺及所有调味料拌炒均匀，再加入罗勒炒熟即可。

---

# 牡蛎酥

**材料o**

| | |
|---|---|
| 牡蛎肉 | 250克 |
| 蒜末 | 1小匙 |
| 葱花 | 1大匙 |
| 罗勒 | 50克 |
| 红辣椒末 | 1/2小匙 |
| 粗地瓜粉 | 1碗 |

**调味料o**

| | |
|---|---|
| 盐 | 1/2小匙 |
| 白胡椒粉 | 1/2小匙 |

**做法o**

1. 牡蛎肉加盐小心捞洗，再冲水沥干，裹上粗地瓜粉备用。
2. 热锅，倒入稍多的油，待油温热至180℃时，放入牡蛎肉，以大火炸约2分钟后捞出；再将罗勒放入油锅以小火炸至干，捞出摆盘备用。
3. 原锅中留少许油，加入蒜末、葱花、红辣椒末略炒，再放入炸牡蛎肉及所有调味料拌匀，放在罗勒上即可。

贝类
料
理
篇

# 蛤蜊丝瓜汤

### 材料o

蛤蜊…………200克
丝瓜…………适量
姜丝…………20克
热水…………80毫升

### 调味料o

盐…………1/2小匙
白胡椒粉…1/4小匙

### 做法o

1. 蛤蜊吐沙洗净；丝瓜洗净去皮切块，备用。
2. 热锅，加入 1 大匙油，放入丝瓜块略炒，加入盐、白胡椒粉、姜丝、热水，以小火煮约3分钟。
3. 加入蛤蜊以中火煮至壳打开即可。

### Tips. 料理小秘诀

蛤蜊很容易煮熟，久煮肉质会变老，口感不好，因此等丝瓜先煮软入味，再加入蛤蜊煮至壳打开，就可以熄火了。

# 蛤蜊肉丸煲

### 材料o

| | |
|---|---|
| 蛤蜊 | 150克 |
| 猪肉丸子 | 150克 |
| 大白菜 | 100克 |
| 红辣椒 | 10克 |
| 葱 | 30克 |
| 蒜仁 | 10克 |
| 水 | 1000毫升 |

### 调味料o

| | |
|---|---|
| 盐 | 1小匙 |
| 鸡精 | 1小匙 |
| 米酒 | 1大匙 |
| 白砂糖 | 1小匙 |
| 胡椒粉 | 1小匙 |

### 做法o

1. 葱和红辣椒洗净切段；大白菜洗净切长段；蛤蜊吐沙洗净。
2. 热锅，倒入适量油，放入葱段、红辣椒段、蒜仁炒香，加入大白菜段炒软，全部移到砂锅中。
3. 于砂锅中加入肉丸子、蛤蜊、水及所有调味料，以小火焖煮约15分钟即可。

### Tips.料理小秘诀

大超市都有做好的炸猪肉丸可选择，炸过的猪肉丸搭配海鲜食材一起熬煮，味道超香。

# 蛤蜊嫩鸡煲

### 材料o

| | |
|---|---|
| 鸡胸肉 | 350克 |
| 蛤蜊 | 100克 |
| 芥菜 | 100克 |
| 葱段 | 30克 |
| 姜片 | 20克 |
| 胡萝卜 | 60克 |

### 调味料o

| | |
|---|---|
| 盐 | 1大匙 |
| 白砂糖 | 1小匙 |
| 鸡精 | 1小匙 |
| 米酒 | 2大匙 |
| 高汤 | 500毫升 |

### 做法o

1. 蛤蜊吐沙后洗净；鸡胸肉、芥菜洗净切块；胡萝卜洗净去皮，切块烫熟，备用。
2. 热锅，倒入适量油，放入葱段、姜片爆香，再放入鸡胸肉块炒香。
3. 加入胡萝卜块及所有调味料，以小火焖煮5分钟。
4. 加入芥菜与蛤蜊再煮约4分钟即可。

贝类料理篇

215

# 牡蛎煎

### 材料o

牡蛎肉········200克
小白菜········100克
葱·················1根
鸡蛋·············2个
地瓜粉········100克
淀粉·············15克
水·········150毫升

### 调味料o

盐·················少许
海山酱·········适量

### 做法o

1. 牡蛎肉洗净沥干水分备用。
2. 小白菜洗净切小段；葱洗净切末；鸡蛋打散成蛋液，备用。
3. 地瓜粉、淀粉加入水、盐后，一起搅拌成糊，即为粉浆。
4. 热锅后倒入适量油，放入牡蛎肉以大火稍煎一下，再放入葱末、小白菜段和蛋液，最后加入粉浆煎至定型后，翻面再继续煎至熟且透明时，取出摆盘。
5. 食用时淋上海山酱即可。

---

# 牡蛎煎蛋

### 材料o

牡蛎肉········150克
鸡蛋·············3个
葱花·········2大匙
盐·············1小匙

### 调味料o

盐···········1/4小匙
水淀粉········1小匙

### 做法o

1. 牡蛎肉加入1小匙盐，小心轻轻捞洗，冲水后放入沸水中氽烫1分钟，捞出过冷水沥干。
2. 鸡蛋打成蛋液，加入所有调味料、葱花打匀，再加入牡蛎肉。
3. 热锅，加入1.5大匙油，再倒入蛋液，两面以小火各煎3分钟即可。

### Tips. 料理小秘诀

　　牡蛎肉经过氽烫后可以去除表面的黏液，在被蛋液包覆的情况下，也更容易熟透。而氽烫后再过冷水，牡蛎肉质会紧缩，口感更好。

# 铁板牡蛎

### 材料o
牡蛎肉 ………100克
豆腐…………100克
葱 ……………1根
蒜仁…………… 3粒
红辣椒………1/2个
洋葱…………… 5克
豆豉…………10克

### 调味料o
米酒………… 1大匙
白砂糖 …… 1/2小匙
香油…………… 少许
酱油膏……… 1大匙

### 做法o
1. 牡蛎肉洗净后用沸水汆烫，沥干备用。
2. 豆腐洗净切小丁；葱洗净切小段；蒜仁洗净切末；红辣椒洗净切圆片，备用。
3. 热锅倒入适量油，放入葱段、蒜末及红辣椒片炒香，再加入牡蛎肉、豆腐丁、豆豉及所有调味料轻轻拌炒均匀。
4. 洋葱洗净切丝，放入已加热的铁盘上，再将做法3的材料倒入铁盘即可。

---

# 油条牡蛎

### 材料o
牡蛎肉 ………150克
油条…………… 1根
葱 …………… 45克
姜 ……………10克

### 调味料o
高汤……… 150毫升
盐 ………… 1/2小匙
鸡精……… 1/4小匙
白砂糖 …… 1/4小匙
白胡椒粉… 1/8小匙
水淀粉 ……… 1大匙
香油………… 1大匙

### 做法o
1. 将牡蛎肉挑去杂质后洗净，放入滚水中汆烫约5秒后，捞出沥干；葱洗净切丁，姜洗净切末，备用。
2. 把油条切小块，热锅加油，油温热至约150℃，将油条块入锅炸约5秒至酥脆，即可捞起、沥干油，铺至盘中垫底。
3. 另取锅，烧热后加入1大匙色拉油，以小火爆香姜末、葱丁后，加入牡蛎肉及高汤、盐、鸡精、白砂糖、白胡椒粉。
4. 待煮滚后，加入水淀粉勾芡，再洒上香油，盛至做法2的油条盘上即可。

# 牡蛎煲西蓝花

### 材料o
牡蛎肉 ………150克
西蓝花 ………100克
胡萝卜 ………30克
玉米块 ………50克
红甜椒 ………20克
鲜香菇 ………60克
葱段…………20克
姜片…………20克
高汤………200毫升

### 调味料o
白砂糖 ……1小匙
米酒…………1大匙
酱油膏 ………2大匙
白胡椒粉 ……1小匙

### 做法o
1. 胡萝卜洗净去皮切片，西蓝花切小朵，与玉米块一起放入沸水中汆烫一下，取出沥干备用。
2. 鲜香菇洗净切块；红甜椒洗净去籽切片，备用。
3. 热锅，倒入适量油，放入葱段、姜片爆香，再放入做法1与做法2的材料炒匀。
4. 加入高汤和所有调味料、洗净的牡蛎肉轻轻拌炒匀至汤汁略收干即可。

# 冬瓜蛤蜊汤

**材料o**

冬瓜·········· 350克
蛤蜊·········· 300克
猪小排······· 300克
姜片·············· 6片
水··········2000毫升

**调味料o**

盐·············· 1小匙
柴鱼素········· 少许
米酒············· 1大匙

**做法o**

1. 蛤蜊放入加了盐（材料外）的清水中，静置吐沙备用。
2. 猪小排斩段洗净，放入滚水中汆烫去除血水；冬瓜洗净去皮，切小块备用。
3. 取锅，加入水煮至沸腾后，加入猪小排段、冬瓜块及姜片以小火煮约40分钟。
4. 加入蛤蜊煮至蛤蜊开口后，加入所有的调味料煮匀即可。

---

# 芥菜蛤蜊鸡汤

**材料o**

芥菜·········· 200克
蛤蜊············· 15个
（约200克）
小土鸡············· 1只

**调味料o**

盐·············· 少许

**做法o**

1. 芥菜洗净，对剖两半；蛤蜊泡水吐沙洗净；土鸡处理后洗净，备用。
2. 取一内锅，放入芥菜、蛤蜊、土鸡。将内锅放入电锅中，电锅外锅倒入2杯水，按下启动开关，待开关跳起，开盖加盐调味即可。

## Tips. 料理小秘诀

炖鸡汤是大多数人都爱的一道菜，用电锅煮汤是最明智的选择，只要外锅加入适量水，就能煮出有清爽口感的好汤，搭配蛤蜊能让味道更鲜美。

贝类料理篇

# 牡蛎汤

**材料o**

牡蛎肉·········150克
酸菜···········50克
姜丝···········30克
葱花···········少许
香油··········1小匙
米酒··········1大匙
水········1000毫升
地瓜粉·········适量

**调味料o**

盐···············少许

**做法o**

1. 牡蛎肉洗净，均匀沾裹地瓜粉，放入滚水中汆烫一下后，捞起冲水备用。
2. 酸菜洗净切小片备用。
3. 取汤锅倒入水，加酸菜片、姜丝煮至沸腾。
4. 放入牡蛎肉，待再次沸腾后，加入米酒、盐调味后熄火。
5. 上桌前撒上葱花、滴入香油即可。

# 蒜味咸蛤蜊

**材料o**

蒜末·········· 20克
蛤蜊·········300克
姜末··········10克
红辣椒片·······10克

**调味料o**

酱油膏········1大匙
酱油··········2大匙
乌醋········1/2大匙
米酒··········2大匙
白砂糖······1/2大匙
凉开水········3大匙

**做法o**

1. 蛤蜊泡水吐沙洗净，捞起沥干备用。
2. 取锅，放入蛤蜊，倒入可完全淹盖蛤蜊的滚水，盖上锅盖闷约6分钟，待蛤蜊微开后捞出、沥干备用。
3. 将所有调味料混合搅拌均匀，放入蒜末、姜末和红辣椒片，再倒入蛤蜊拌匀，放入冰箱中冷藏腌至入味，食用前再取出即可。

# 蛤蜊蒸蛋

材料o

蛤蜊·····················10个
（约200克）
鸡蛋·····················3个
水·······················250毫升
葱花····················少许

调味料o

盐·····················1/4小匙
米酒····················1/2小匙

做法o

1. 蛤蜊吐沙干净后用刀撬
   开壳（如图1），将流出
   的汤汁过滤留下备用
   （如图2）。

2. 鸡蛋打成蛋液，加入所
   有调味料、水及蛤蜊汤
   汁，拌匀过滤备用（如
   图3）。

3. 取一浅盘，将蛤蜊与做
   法2的材料装盘后放入
   蒸锅中，以小火蒸约8分
   钟，撒上葱花即可（如
   图4）。

## Tips. 料理小秘诀

蒸蛋用浅盘会比用深
碗快熟，此外，蛤蜊如果
直接放在蛋液中蒸，会被
蛋液包覆而无法打开。因
此先将蛤蜊撬开，将流出
的汤汁加入蛋液中去蒸，
不但能使蛤蜊顺利打开，
鲜味也能融入蒸蛋中。

贝类
料
理
篇

# 粉丝蒸扇贝

### 材料o

| | |
|---|---|
| 大扇贝 ········· 4个 | |
| （约150克） | |
| 粉丝 ··········10克 | |
| 蒜仁 ········· 8粒 | |
| 葱 ········· 2根 | |
| 姜 ········· 20克 | |

### 调味料o

| | |
|---|---|
| 蚝油 ··········1小匙 | |
| 酱油 ··········1小匙 | |
| 水 ··········2小匙 | |
| 白砂糖 ····· 1/4小匙 | |
| 米酒 ··········1大匙 | |
| 色拉油 ······20毫升 | |

### 做法o

1. 把葱洗净切丝；姜、蒜仁洗净皆切末；粉丝泡冷水约15分钟至软化；大扇贝挑去肠泥、洗净、沥干水分后，整齐排至盘上，备用。
2. 在每个扇贝上先铺少许粉丝，加入米酒及蒜末，放入蒸笼中以大火蒸5分钟至熟，取出，把葱丝、姜末铺于扇贝上。
3. 热锅，加入20毫升色拉油烧热后，淋至扇贝的葱丝、姜末上，再将蚝油、酱油、水及白砂糖混合煮滚后，淋在扇贝上即可。

# 枸杞子蒸扇贝

### 材料o

| | |
|---|---|
| 大扇贝 ········· 8个 | |
| （约300克） | |
| 枸杞子 ········ 20克 | |
| 姜末 ··········· 6克 | |

### 调味料o

| | |
|---|---|
| 盐 ··········适量 | |
| 柴鱼素 ········适量 | |
| 米酒 ··········3小匙 | |

### 做法o

1. 将大扇贝去掉肠泥及细沙，用清水冲洗干净。
2. 枸杞子用清水略为清洗后，用米酒浸泡10分钟至软，再加入姜末混合。
3. 将做法2中混合好的材料分成8等份，一一放置在处理好的扇贝上，再撒上盐与柴鱼素。
4. 将扇贝依序排放于盘中，再放入电锅内，外锅倒入1/2杯水，按下开关煮至开关跳起即可。

### Tips. 料理小秘诀

打开扇贝后，你会发现有些会多1块橘色贝肉，有些则无，有橘色贝肉的是母扇贝，无橘色贝肉的就是公扇贝。

# 盐烤大蛤蜊

材料o

大蛤蜊 ⋯⋯⋯ 300克
粗盐⋯⋯⋯⋯ 5大匙

做法o

1. 大蛤蜊浸泡清水吐沙，取出洗净，沥干备用。
2. 将粗盐平铺于烤盘上，再摆上大蛤蜊。
3. 烤箱预热至180℃，放入大蛤蜊烤约5分钟至熟即可。

## Tips.料理小秘诀

　　蛤蜊烤熟后壳会打开，鲜美的汤汁就会流失，为了避免这种情况发生，要先切断蛤蜊的韧带。在靠近蛤蜊较小的那头，壳的接缝处有个突起来的小点，利用靠近刀柄这侧刀的尖端插入这个小点中，左右轻轻撬一下，就可以切断蛤蜊的韧带。千万不要利用刀尖插入，以免弄伤自己。

贝类料理篇

# 蛤蜊奶油铝烧

### 材料o

蛤蜊…………200克
土豆…………200克
黄油…………15克
培根…………40克
葱花…………适量

### 调味料o

盐……………适量
黑胡椒粉……适量
奶油…………15克
白酒…………20毫升

### 做法o

1. 土豆洗净后，带皮放入微波炉微波约8分钟，取出后剥皮，切成约1厘米厚的圆形片备用。
2. 蛤蜊吐沙洗净；培根切成约3厘米长的段；黄油切小块备用。
3. 把2张铝箔纸叠放成十字形，在最上面一层中间部分均匀地抹上奶油，把土豆片放入抹好奶油的中间部分。
4. 放上做法2的所有材料、葱花与其余调味料，将铝箔纸包好，放入预热的烤箱中，以200℃烤约20分钟即可。

# 烤牡蛎

材料o

牡蛎·········600克
柠檬··········1个

做法o

1. 牡蛎刷洗干净，擦干水分；柠檬切开，
   挤出柠檬汁，备用。
2. 烤箱预热10分钟后，放入牡蛎，以上
   火200℃、下火200℃烤10～15分
   钟。
3. 食用时撬开牡蛎的壳，并滴上柠檬汁一
   同食用即可。

备注：不添加任何调味料，直接吃原味的
　　　烤牡蛎，也别有一番风味。

# 百里香焗干贝

**材料o**

鲜干贝 ········· 50克
奶酪丝 ········· 20克

**调味料o**

百里香 ······ 1/4小匙

**做法o**

1. 鲜干贝洗净，加入百里香拌匀，放上奶酪丝。
2. 将鲜干贝放入烤箱中，以上火300℃、下火150℃烤约1分钟至表面呈金黄色即可。

# 蒜香焗烤田螺

**材料o**

田螺 ·········· 200克
奶酪丝 ········100克

**调味料o**

蒜香黑胡椒酱·适量

**做法o**

1. 取深锅，倒入适量的水，以大火煮至滚沸后，放入洗净的田螺氽烫约10秒，捞出备用。
2. 将田螺放进田螺烤盘中，先淋上蒜香黑胡椒酱，再撒上一层奶酪丝，即为半成品的焗烤田螺。
3. 预热烤箱至180℃，将焗烤田螺半成品放入烤箱中，烤10~15分钟至表面呈金黄色即可。

### ● 蒜香黑胡椒酱 ●

材料：
奶油1大匙、蒜碎适量、红葱头碎适量、高汤500毫升、玉米粉1大匙、水1大匙、盐适量
调味香料：
黑胡椒粗粒20克、匈牙利红椒粉5克
做法：
（1）取一深锅，放入奶油以小火煮至融化，放入蒜碎、红葱头碎以小火炒香。
（2）加入所有调味香料以小火炒香，再加入高汤以小火熬煮20分钟。
（3）将玉米粉加水搅拌均匀，倒入锅中勾芡，再加入盐调味即可。

# 呛辣蛤蜊

### 材料o
蛤蜊…………250克
芹菜丁………30克
蒜碎…………适量
香菜碎………10克
红辣椒碎………10克
柠檬汁………20毫升
橄榄油………20毫升

### 调味料o
鱼露…………50毫升
白砂糖………15克
辣椒酱………20克
盐……………适量

### 做法o
1. 蛤蜊放入冷水中约半天至吐沙完毕，洗净备用。
2. 将蛤蜊放入滚水中汆烫至蛤蜊口略开，捞起备用。
3. 将所有调味料与红辣椒碎、蒜碎、香菜碎、芹菜丁、柠檬汁及橄榄油一起拌匀成淋酱。
4. 将蛤蜊摆盘，淋上酱汁拌匀即可。

贝类
料
理
篇

# 热拌罗勒蛤蜊

## 材料o

蛤蜊………… 300克
姜 ……………… 6克
罗勒…………适量
蒜蓉辣椒酱 ····适量

## 做法o

1. 将蛤蜊泡在盐水中吐沙1小时以上，洗净备用。
2. 姜洗净切丝；罗勒洗净，备用。
3. 将蛤蜊放入滚水中氽烫，至开口即可捞起。
4. 将做法2、做法3的材料加入蒜蓉辣椒酱拌匀即可。

### ● 蒜蓉辣椒酱 ●

材料&调味料：
蒜片5片、红辣椒片适量、蚝油3大匙、开水1大匙、白砂糖1小匙
做法：
将所有材料混合均匀即可。

# 意式腌渍蛤蜊

### 材料o
蛤蜊…………250克
生菜叶…………1片
蒜碎…………适量
红辣椒碎……适量
米酒…………50毫升

### 调味料o
柠檬汁………20毫升
橄榄油………50毫升
罗勒碎…………10克
盐…………适量
白胡椒粉………适量

### 做法o
1. 蛤蜊放入冷水中泡约半天至吐沙完毕，洗净；生菜叶洗净后铺于盘内备用。
2. 热一平底锅加热，倒入橄榄油，放入蒜碎、红辣椒碎炒香，再放入蛤蜊、米酒、柠檬汁一起翻炒至水分收干。
3. 加入罗勒碎、盐和白胡椒粉炒匀，盛入做法1的盘内即可。

贝类料理篇

# 葱油牡蛎

### 材料o
牡蛎肉 ………150克
葱 …………………1根
姜 …………… 5克
红辣椒 ………1/2个
香菜…………少许
淀粉…………适量

### 调味料o
鱼露…………2大匙
米酒…………1小匙
白砂糖………1小匙

### 做法o

1. 牡蛎肉洗净沥干，均匀沾裹上淀粉，放入沸水中氽烫至熟后，捞起摆盘。
2. 葱洗净切丝、姜洗净切丝、红辣椒洗净切丝后，全部放入清水中浸泡至卷曲，再沥干放在牡蛎肉上。
3. 热锅加入香油1小匙、色拉油1小匙及所有调味料拌炒均匀，淋在做法2的材料上，再撒上香菜即可。

# 蒜泥牡蛎

### 材料o
牡蛎肉 ……… 200克
蒜泥…………1大匙
粗地瓜粉……1/2碗

### 调味料o
白砂糖 …… 1/2小匙
香油…………1小匙
酱油膏 ………2大匙

### 做法o

1. 牡蛎肉加盐小心捞洗，再冲水沥干备用。
2. 备一锅约90℃的热水，将牡蛎肉裹上粗地瓜粉，立刻放入热水中，以小火煮约4分钟后捞出盛盘。
3. 将蒜泥和所有调味料混合，淋在牡蛎肉上即可。

## Tips.料理小秘诀

　　牡蛎肉一裹上地瓜粉就要立刻放入热水中烫熟，如果裹好粉后久放会返潮，影响最后的口感。烫牡蛎肉的水温不宜太高，这样吃起来才会鲜嫩。

# 鲍鱼扒凤爪

### 材料o
罐头鲍鱼……150克
粗鸡爪………10只
高汤………300毫升
姜片…………2片
葱……………2根
上海青………2棵

### 调味料o
蚝油…………2大匙
盐…………1/4小匙
白砂糖……1/2小匙
绍兴酒………1大匙

### 做法o
1. 将鲍鱼切片备用；粗鸡爪剁去爪尖洗净。
2. 取锅，倒入约1碗油烧热，将粗鸡爪炸至表面呈金黄色后捞出沥油。
3. 将鸡爪、高汤、调味料、姜片和葱放入锅中，以小火煮至鸡爪软烂后捞出摆盘。
4. 将鲍鱼片放入汤汁内煮滚，捞起鲍鱼片排放至鸡爪上，再将汤汁勾芡淋至鲍鱼上。
5. 上海青洗净，放入滚水中汆烫至熟，再捞起放至做法4的盘上围边装饰即可。

---

# 鲍鱼猪肚汤

### 材料o
罐头珍珠鲍…300克
猪肚……………1副
（约800克）
竹笋……………1根
香菇……………6朵
姜片……………6片
水………1600毫升

### 调味料o
盐…………1小匙
米酒…………1小匙

### 洗猪肚材料o
盐……………适量
面粉…………适量
白醋…………适量

### 做法o
1. 猪肚用洗猪肚材料中的盐搓洗后，将内面反过来再用面粉、白醋搓洗后洗净，放入滚水中煮约5分钟，捞出浸泡冷水至凉后，切除多余的脂肪，再切片备用。
2. 竹笋洗净切片；香菇洗净切半，备用。
3. 取锅，放入珍珠鲍、猪肚片、做法2的所有材料、姜片、米酒及水，放入蒸锅中蒸约90分钟，再加盐调味即可。

贝类料理篇